U0020575

# 柔媽咪的好孕教室

柯以柔的

孕期養胎、產後調養、育兒飲食全書

「寶寶成長只有一次的機會！」

　　很高興看到以柔出新書了，常常在養生節目一起分享媽媽經、爸爸經，才發現以柔每一胎都是很用心地在準備。從懷孕時期開始，以柔就很注意身體的營養保健，一直到小朋友出生，也都花了很多心思。在孩子成長的不同階段，更是身體力行，自己用心了解各種食物的營養、挑選好的天然純淨食材，並親手烹調各種不同營養價值的美味餐點，給小朋友享用！

　　就像我常常與大家分享的，「健康三好生活」的觀念一樣，從小注意健康飲食不只是對小朋友好、媽媽好、全家人也能更加幸福美好！

　　希望透過以柔的經驗分享，能讓更多媽媽們能夠有所收穫！要身體健康，不只是要改變吃的東西，更要改變吃的觀念！

王明勇　生機食療專家

　　因為生得少、生得晚，於資訊透明之今日，準父母們總是覺得要給寶寶最好的。在臨床上，常見準媽咪除了接受很多完整的產前檢查外，還常常詢問醫師是否該額外補充食物與營養品，就怕少給了寶寶，或是做了什麼對寶寶不好的事。然而，現代孕媽咪飲食習慣改變，也經常外食，即使非常節制，仍不免發生體重快速上升之現象。

　　以柔，三個孩子的媽，剛好也是我產檢與接生的。她以三個孩子的懷胎經驗，藉由平實文字述說，讓媽媽們知道只要了解食物特性及攝取時間點，不需刻意禁食，孕期獲得充足營養並無難事。

　　本書的出版，讓我看到以柔將產檢經驗加以整理、歸納之後化成文字，傳遞給讀者最正確的「產檢、胎檢」新觀念。搭配最新、最完整的胎兒基因遺傳學與影像醫學胎兒檢查技術，能夠讓媽媽產檢更安心、放心。顧及胎兒發育生長之需要，從懷孕初期、中期及晚期奉行「養胎不養胖」的觀念，讓「吃得好、吃得巧、吃得飽」及生出一個健康寶寶，顯得輕而易舉 。

　　我十分樂見此書問世，也相信此書將嘉惠許多女性朋友，更期許諸多家庭因此獲得健康、幸福、美滿。

蘇俊源醫師　馨生婦產科小兒科院長

　　恭喜以柔又有新書和大家見面了！在連生了三個寶貝之後，這本書應該算是第四個寶貝吧！以柔，妳真的好強！

　　在我們都還是青春少女時代時，我就特別欣賞以柔踏實的個性，尤其是和他相處之後，發現我們都有極相似的家庭觀和價值觀。她對家人孝順貼心，很有大姐的擔當，雖然身處五光十色的演藝圈，卻從來沒有虛榮浪費過，而是實實在在的過生活。

　　結了婚、生了小孩之後，更是全心全意投入家庭，凡事親力親為，把老老小小一家子照顧得無微不致。在人生的每個角色，以柔一直都盡心盡力、追求完美，因為她始終相信一切會更好。以柔在我眼中一直是自我要求非常高的人，身為好友，其實有時候還不免替她擔心，會不會給自己太大的壓力了？但是她總是可以用最正面的態度和最積極的方法，來面對所有的挑戰。

　　這本《柔媽咪的好孕教室》應該可以說是所有新手媽媽們的必備參考書！從懷孕開始的準備、孕期的胎教、準媽媽的飲食，到產後做月子的調養、寶寶的照顧，還有副食品的製作，舉凡所有媽媽們所需要知道的實用資訊，柔媽咪毫不藏私地大方分享。即使身為一個明星媽咪，以柔仍完全跳脫光環，走最實際的路線，該省則省、該花才花，讓所有的新手媽媽可以毫無壓力輕易上手。

　　當媽媽真的是一件太幸福的事了！到現在我還是每天都樂在其中，甚至可以說是「享受」其中。我要告訴所有的新手媽媽們，不要擔心，更不要害怕，把握每一天讓自己變更好的機會，因為，妳的愛是孩子成長最需要的養分。如果有什麼問題，問柔媽咪就對囉！

李佩甄　台灣好媳婦

　　她是清雅文靜，懂得彰顯女人含蓄美的老婆；她是堅持自我，不人云亦云隨波逐流的老婆；她是有自己事業，卻知道在男人面前適時撒嬌的老婆。有了她……我們家三個孩子幸福得不得了！

　　這本書，是她用了很多心力寫成的一本書！因為想給孩子最好的照顧，她不辭辛勞，製作了好多營養美味食物，也藉此機會，將所有的食譜集結成書。在這本書裡，除了有食譜，還有很多專業的育兒心得及懷孕時的點點滴滴，我真心推薦所有的爸爸媽媽，一起閱讀！

郭宗坤　味留料理長

# Chapter 1
# 柔媽咪的養胎教室

# Chapter 2
## 柔媽咪的產檢教室

# Chapter 3
## 柔媽咪的產後教室

# Chapter 4
## 柔媽咪的新生兒教室

# Chapter 5
## 柔媽咪的哺乳教室

# Chapter 6
## 柔媽咪的副食品教室

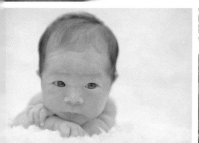

# Chapter 7
# 寶寶副食品食譜

# 柔媽咪的養胎教室

許多孕媽咪的養胎思維，還停留在舊時代的「一人吃兩人補」，
覺得懷孕就可以肆無忌彈的大吃大喝，這完全是錯誤的作法喔！
真正聰明的孕媽咪，要學會「吃的精、吃的巧」。孕期吃太多的
話，多餘的養份還是媽媽自己吸收走了，所以養胎的體重管理，
也是大有學問。

# 養胎不養胖的
# 健康管理

　　我從來就不是瘦竹竿型的女生，身高 160 公分的我，十多年來體重總是在 50~52 公斤之間徘徊，4 字頭一直是可遇不可求的體重數字。然而，接連生完三胎之後，我的體重不增反降，太令人驚喜了！以下是我生 3 胎的體重數字：

| 第一胎 | |
| --- | --- |
| · 孕前 | 52 公斤 |
| · 最後一次產檢 | 60 公斤 |
| · 產後 3 個月 | 51 公斤 |

| 第二胎 | |
| --- | --- |
| · 發現懷孕時 | 55 公斤 |
| · 最後一次產檢 | 64 公斤 |
| · 產後 3 個月 | 51 公斤 |

| 第三胎 | |
| --- | --- |
| · 孕前 | 52 公斤 |
| · 最後一次產檢 | 60 公斤 |
| · 產後 3 個月 | 49 公斤 |

出現 4 字頭
體重！

　　有許多媽媽問我：「為什麼妳生完 3 個小孩，身材反而比單身時更瘦？是怎麼減肥的？」說真的，當了媽媽之後，根本沒有時間減肥。所以，我控制自己在孕期間不發胖太多，懷孕三胎每次也都不會胖超過 9 公斤。

　　也許有人會認為是「體質好」，但事不過三，且我產後的體重，比單身時還要瘦。為什麼呢？我的方法不是讓自己挨餓，而是「吃的健康」！我是很愛吃飯的人，也常在網路上與粉絲直播分享料理的製作方式，所以大家應該知道，要我一天不吃飯，簡直是要了我的命！所以，重點來了，健康的飲食跟吃「對的東西」，非常重要，只要掌握孕期飲食技巧，就可以擁有當媽媽的驕傲，卻保有窈窕的身材！

## 懷孕 3 胎的體重變化表

### 懷孕第 1 胎增加 8 公斤

- 小味留 40 週出生

重 3160 克，身長 49 公分

### 懷孕第 2 胎增加 9 公斤

- 小水果 39 週出生

重 2840 克，身長 50 公分

### 懷孕第 3 胎增加 8 公斤

- 小檸檬 38 週出生

重 2940 克，身長 51 公分

　　以上是三胎孕期下來，我成功養胎不養胖的數據。孕期控制在 9 公斤以內，就可以養出大約重 3000 公克的標準寶寶。從數字上看來，第三胎小檸檬應該是養胎最成功的，因為第三胎剖腹必須提前到 38 週生產，我只增加 8 公斤，仍然把小檸檬養到近 3000 公克，而且身長有 51 公分呢！

　　生完第 3 胎後的 10 天，我的體重就已經掉了 6 公斤！坐完月子便幾乎完全恢復孕前體重，沒有身形上的負擔，也不會因此對自己失去自信心！

# 柔媽咪的
# 兩大養胎秘訣

### 1.一人吃兩人補，不如吃的精巧

　　許多孕媽咪停留在舊時代「一人吃兩人補」的觀念，覺得懷孕就可以肆無忌彈的大吃大喝，這完全是錯誤的作法！真正聰明的孕媽咪，要學會「吃的精、吃的巧」。孕期吃太多的話，多餘的養份還是媽媽自己吸收走了，而這些肥肉，日後還是要辛苦減肥才能剷除的。

　　現在婦產科醫生也不鼓勵寶寶養太大隻，一般來說，3000 公克上下是最標準的數字，尤其如果是期待自然產的孕媽咪，更不要刻意去養大寶寶，以免生小孩開指的過程，髒話連連喔！

### 2.會胖的食物不要吃

　　嚴格說起來，不想胖到自己最重要原則，就是「會胖的食物不要吃」。我知道大家一定會覺得這句話太籠統，但其實只要用「健康管理」的概念來想，就容易多了。想要健康而不會吃的食物，在懷孕的時候也都不要吃太多，不僅是為了寶寶好，也是為了媽咪的健康著想。當然，孕婦難免會有情緒，總是會突然在某個時刻想吃一些特別的東西，我也不例外。

　　如果我真的很想喝珍珠奶茶，那我會選擇在白天喝；想吃麵包蛋糕，我就當成早餐吃，這樣會比下午或晚上吃來得好，因為妳還有一整個白天的活動時間，可以把熱量消耗掉。如果下午之後才吃這些食物，這些高熱量的精緻澱粉很容易囤積在體內，睡覺前可能也還沒完全消化，反而會讓媽媽不舒服。

## 柔媽咪的小叮嚀 1

1. 不健康的食物，不是完全不能碰，而是要盡量控制，並且盡量在早上吃完。

2. 最容易讓孕婦發胖的澱粉，在晚餐時間可把澱粉份量減半，多補充一些蔬菜和蛋白質。

# 媽咪要吃什麼，
# 才會胖到寶寶？

　　孕媽咪最常問我的就是：「要吃什麼才會胖到寶寶？」很簡單，就是三個字「蛋白質」！整個孕期中，寶寶最需要的就是蛋白質。只要在正確時間，吃對好的蛋白質，就可以幫寶寶補充營養。蛋白質廣義來說，指的包括魚、肉、蛋和豆類製品等等。當然也不是全部只需要蛋白質而已，其它蔬菜、水果、五穀雜糧也都是需要的！

　　孕期養胎分三階段，把營養按照不同時期分配好，才能在對的時間讓寶寶完整吸收。

## 蛋白質

### 魚

　　許多營養師會建議大家「吃無腳的比有腳的好」，無腳指的就是魚類。各式各樣的魚都好，大原則就是「新鮮」。媽咪不需要刻意花大錢去吃深海魚類，因為現在環境汙染嚴重，深海的大型魚容易有重金屬殘留的問題，吃一般魚就很 OK 了！再講究一點的，選魚的時候最好是選手掌大小，約 4 兩重最好。

### 肉

　　牛肉、豬肉、雞肉都可以。一般婦產科醫生會說多吃牛肉，因為牛肉有比較多的鐵質。不過不用真的天天或餐餐都牛肉，主要還是要均衡飲食，因為各種肉類都有蛋白質，到懷孕後期，再分配牛肉比例多一些即可！

### 蛋

　　就是雞蛋囉！這是幾乎天天都一定會吃到的食物，例如早餐吃蛋餅、煮麵打顆蛋、煮個蛋花湯，甚至煎蛋、蒸蛋都很容易吃到，就因為容易攝取到，也要注意不要一天吃太多了，因為雞蛋攝取過多有膽固醇的問題，媽咪請最多一天吃 2 顆雞蛋就好了。

### 豆

　　黃豆、黑豆、毛豆，還有相關豆類製品做出來的豆漿、豆腐、豆干，都能提供植物性蛋白質。我懷孕的前 4 個月，吃的都和平常差不多，最多每天增加一杯無糖豆漿。如果初期吃太多，寶寶會還沒吸收到就全部胖回自己身上，後面負擔更大，所以懷孕期間的飲食，真的要多多注意喔！尤其是初期，真的不必餐餐大餐。

　　以上說的食物烹調原則，最好以少油的清蒸法為優先，其次煎煮，最好避免油炸。例如：蒸魚比煎魚好，煎魚比炸魚好。吃肉的話，川燙會比用炒的方式來得清爽無油，同樣也儘可能避免油炸，所以像炸豬排、炸雞排這類型的食物，最好避而遠之！

## 蔬菜

　　在日常飲食中，本來就佔有很重要的地位。只是以孕期來說，吃深綠色蔬菜會比一般蔬菜來得更好，因為蔬菜裡有很多葉酸，非常適合媽咪們喔！

## 水果

　　水果往往是孕媽咪很容易迷思的一點，不少人覺得：「吃水果很好，所以可以盡量吃」，其實這不是正確的觀念喔！孕媽咪每日只需要 2 至 3 份水果，而且 1 份是指自己拳頭般大小的份量即可。我遇到很多孕媽咪，懷孕時吃水果是一盆一盆在吃，份量超嚇人！別忘了，水果雖然很有營養，但也是有熱量的，而且糖份偏高，真的要特別注意。

水果要適時補充，但不要過量囉！以葡萄或櫻桃來說，一次只需要吃 12 至 15 顆的份量就好，絕對不要以吃到飽的概念在吃水果，不然這些熱量都會跑到媽咪身上了！

## 優質碳水化合物／五穀雜糧

孕媽咪在產檢時，常常被醫生叮嚀要控制體重：「蛋白質多一點，少吃澱粉！」因此會讓有人誤解為「一口飯都不能碰」，其實這是不對的。

在台灣，米飯是上天賜給我們最豐富的資源，所以台灣人最適合吃米飯。如果真的要戒澱粉，最應該先戒除的是麵包、蛋糕、蛋餅、蔥油餅……等等，因為這些是最沒有飽足感，又最容易讓人發胖，也不會讓寶寶吸收的精緻澱粉類型。這些東西吃了很容易餓，又沒有飽足感，當中還有很多的油脂、奶油、糖份，以及隱藏看不見的反式脂肪，對身體危害不小！

孕媽咪的飲食大原則是：吃天然原形食材，會比吃加工的食物來得好。其實吃米飯就很好了，因為米是稻子去殼之後的樣子，是非常原始的食物。麵條、麵包則是小麥經過加工後再製成的，不是天然的樣子。所以，吃米飯會比吃麵條、麵包好，而且飯會提供足夠的飽足感，可以撐很久不容易餓，也有胎兒成長不可或缺的碳水化合物喔！

怕吃白飯容易發胖的人，可以換成糙米飯、五穀飯、八寶米飯、十穀飯等等，需要咀嚼較久，而且營養成份和膳食纖維更高。

# 對人體有益的六大營養素

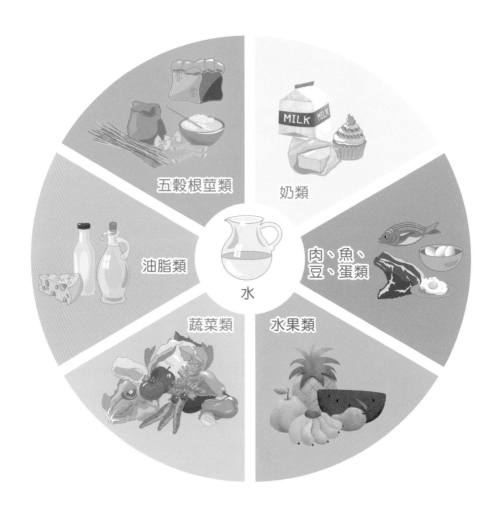

❶ 奶類
提供鈣質、蛋白質及維生素 B2。

❷ 肉、魚、豆、蛋類
提供蛋白質、礦物質及維生素。

❸ 水果類
提供維生素C、維生素 A、醣類及纖維質。

❹ 蔬菜類
提供維生素、礦物質及纖維質（深綠、黃、紅色含量較豐富）。

❺ 油脂類
提供脂肪及脂溶性維生素。

❻ 五穀根莖類
提供醣類、植物性蛋白質及維生素 B。

## 孕產期一日飲食建議量

| 生活<br>活動強度 | 懷孕初期 | | | | 懷孕中期、後期 |
|---|---|---|---|---|---|
| | 低 | 稍低 | 適度 | 高 | 增加 300 大卡 |
| 熱量<br>（大卡） | 1450 | 1650 | 1900 | 2100 | |
| 全穀根莖類<br>（碗） | 2 | 2.5 | 3 | 3.5 | +0.5 |
| 豆魚肉蛋類<br>（份） | 4 | 4 | 5.5 | 6 | +1 |
| 低脂乳品類<br>（杯） | 1.5 | 1.5 | 1.5 | 1.5 | |
| 蔬菜類<br>（碟） | 3 | 3 | 3 | 4 | +1 |
| 水果類<br>（份） | 2 | 2 | 3 | 3 | +1 |
| 油脂與堅果種<br>子類（份） | 4 | 5 | 5 | 6 | |

* 資料來源：國民健康署每日飲食指南

## 懷孕期間的健康管理

　　健康管理是從小到老都要做的，而懷孕期間的健康管理，更攸關於孕婦及胎兒。特別是體重，如果孕婦胖太多，會增加罹患妊娠高血壓、妊娠糖尿病的機率，胎兒的發展也容易有問題，可能會長太大隻、體重增加太多，產道也會變窄，不利於自然產，甚至會增加早期破水、早產的風險。

　　早產有什麼問題呢？胎兒的眼睛、耳朵、骨骼……等等的發育，都會受到影響。換句話說，若孕媽咪沒有把自己照顧好，在孕期飲食亂吃、發胖太多，可能會導致寶寶被迫早產，就算孕期各項產檢都 OK 過關、天生體質很好的胎兒，也有可能會因為母體過胖而發育不良。

懷孕期間該胖多少？這要根據每人的 BMI 值去計算。一般身材的人，整個孕期大多只允許增加 8 公斤左右，最多不宜超過 12 公斤。原來體重就胖的人，孕期發胖的體重數一定要更少一點。

　　婦產科醫師希望每個孕婦都能做好體重規劃，把血壓、血糖控制好後，就比較不會有妊娠高血壓、妊娠糖尿病、子宮收縮、早產的問題。

　　孕婦也一定要配合醫囑，做好孕期的健康管理，以「足月（37週以上）自然產」為目標，照顧好自己及胎兒，才是正確的懷孕觀念。

# 孕期的 BMI 值
# 計算方式

BMI ＝體重（公斤）÷身高$^2$（公尺$^2$）

舉例：身高 160 公分、體重 55 公斤，則 BMI 值為：55÷2.56 ≒ 21.5

| 成人的體重分級與標準 | | |
|---|---|---|
| 分級 | 身體質量指數 | 孕期身體質量指數 |
| 體重過輕 | BMI < 18.5 | 孕期適合增加 10~12 公斤 |
| 正常範圍 | 18.5 ≦ BMI < 24 | 孕期適合增加 7~10 公斤 |
| 過重 | 27 ≦ BMI < 27 | 適合增加 5~7 公斤<br>（建議跟醫生討論） |
| 輕度肥胖 | 27 ≦ BMI < 30 | 適合增加 5~7 公斤<br>（建議跟醫生討論） |
| 中度肥胖 | 30 ≦ BMI < 35 | 適合增加 5~7 公斤<br>（建議跟醫生討論） |
| 重度肥胖 | BMI ≧ 35 | 適合增加 5~7 公斤<br>（建議跟醫生討論） |

資料來源：汐止馨生婦產科醫院

| 孕婦增加的體重，都跑去哪裡了？ | | | |
| --- | --- | --- | --- |
| ・胎兒 | 3 公斤 | ・血液 | 2 公斤 |
| ・羊水 | 0.5 公斤 | ・子宮 | 1 公斤 |
| ・胎盤 | 0.5 公斤 | ・脂肪 | 1 公斤 |
| 總計 | | | 8 公斤 |

所以若孕婦只增加 8 公斤，則所有體重都在胎兒身上，超過的體重就是自己身上的贅肉了。

# 養胎不養胖的
# 135 原則 ————————————

　　第一次懷孕的時候，我曾問過婦產科醫生：「孕期增加體重的標準是什麼？」我的醫生回答：「懷胎十月，以一個月增加 1 公斤為標準。」通常來說，婦產科醫生會建議孕期不要胖超過 12 公斤，在日本甚至嚴格到希望只增加 9 公斤。

　　看過太多生完小孩後，身材再也回不來的案例，好友也警告我：「後面兩個月不吃不喝，隨便都會胖幾 10 公斤」，簡直嚇死我了。我心想，如果懷孕初期就一個月增加 1 公斤，到了中、後期體重很容易「爆衝」了。所以懷 3 胎下來，我訂出一套「135 原則」，也就是說在前、中、後階段，分別只胖 1、3、5 公斤，就有辦法在孕期間，成功只增重 9 公斤以內！

　　懷孕需要的營養，真的沒有大家想像中的多，尤其現代人的食物都太過豐盛，除非有過瘦體質或營養不良，否則不需要擔心寶寶沒營養。我懷孕時學到的事情之一，不是要多吃，而是學會如何調整飲食。孕期需要的是「質」而不是「量」，所以媽咪們請學會吃優質食物喔。

妊娠初期（3 個月以前）：增加 1 公斤

妊娠中期（4 ～ 7 個月）：增加 3 公斤

妊娠後期（8 ～ 9 個月）：增加 5 公斤

## 妊娠初期（3 個月以前）：增加 1 公斤

懷第一胎時，我為了想控制體重，選擇少吃白飯，但很容易沒有飽足感。後來全家人慢慢改吃五穀飯或糙米飯後，等到我懷到第三胎時，餐餐正常吃，不但有飽足感也不容易體重失控。我發現，如果正餐沒吃飽，會造成亂吃零食或宵夜的狀況，這也是很多人孕期體重失控的兇手之一。

以前很少人會特別在孕期時，提到吃五穀雜糧，但我發現，孕期控制體重的秘密武器，其實就是五穀雜糧！五穀雜糧除了米，還有麥、穀類、豆類、堅果等食材，可以提供身體更多營養素。五穀雜糧內也有很好的蛋白質、不飽和脂肪酸、維生素、礦物質和膳食纖維等等。

懷第一胎的新手媽媽，最容易在發現懷孕後，立即開始餐餐補、天天吃牛肉，或是吃得特別多，就是怕肚子裡的寶寶營養不夠。其實，妊娠初期的胎兒，只不過是一顆豆子般的大小，就算媽咪沒有特別吃什麼，寶寶也是會自動長大的！甚至可以說，孕期前 4 個月，就算沒有增加任何體重，也不會影響胎兒長大。反過來說，如果在懷孕初期，體重就增加太多，等於全部都是胖在自己身上喔！

## 妊娠中期（4～7 個月）：增加 3 公斤

孕期第 4～7 個月，稱之為妊娠中期。這個階段，應該初期的不適會慢慢改善，不過每個人的體質不同，也有人會從初期孕吐一路吐到生產完，完全因人而異，連專業醫生也無法得知預測。

我懷老大的第 4 個月左右，發現自己睡覺起床後總會腰酸背痛，接著孕期 5 個月開始，抽筋這件事情居然幾乎天天找我報到。長輩說這是缺鈣，我也常耳聞以前阿公、阿嬤說：「生一個孩子，掉一顆牙！」指的就女人懷孕生小孩，會流失大量的鈣質，所以需要補鈣。

我緊張兮兮地趕快去買鈣片回來補充，但老實說，吃鈣片對我無效，我天天飲食均衡，也乖乖補充鈣片，但仍舊常常抽筋，抽到我每次回想第一胎的孕期，最害怕的事就是抽筋！生到第二、三胎時，我沒有刻意吃營養補充品，居然也沒有抽筋的情況，所以真的是正常飲食，就足夠了！

以生過三胎的經驗，我覺得懷孕前 4 個月正常飲食就好，到了懷孕中期，除了蔬菜、水果外，蛋白質的補充可以逐步增加，像是魚類就是很好的蛋白質來源，熱量也不高，料理方式以蒸和烤為主，會比較清爽一點。

## 妊娠中期：多喝豆漿、吃雞蛋

妊娠中期，每天還可以多喝一杯無糖豆漿或多吃一顆雞蛋。雞蛋有蛋白質、卵黃素、維生素等營養素；豆漿也含有豐富的蛋白質，以及優質的大豆異黃酮、雌激素等營養成份。不過要記得，豆漿一定要選擇無糖的，因為糖不是人體必要的營養素，喝多了只會胖了自己。

## 柔媽咪的小叮嚀 2

懷孕中期的 3 大養胎重點：

1. 均衡飲食。

2. 逐步增加蛋白質攝取。如清蒸的魚類，或每天多
   一杯無糖豆漿或多一顆雞蛋即可。

3. 易胖體質的孕媽咪，請改吃五穀米，或晚餐飯量
   減半。

## 妊娠後期（7～9 個月）：增加 5 公斤

在懷孕 7 個月以前，媽咪可以依照正常飲食去吃，因為 7 個月之後，才是肚子裡寶寶真正長肉的時期。最後這個階段，媽咪們可以增加蛋白質的攝取，而蛋白質的來源則可以多元攝取，不一定要侷限於牛肉，容易取得的豬肉、雞肉、魚肉都是很好的動物性蛋白質來源。

原本每餐 1 個拳頭的肉類攝取量，到後期可以增加為 2 個拳頭，當然，澱粉的攝取量就可以減為半個拳頭。一般來說，會建議孕媽咪在後期體重不宜增加超過 5 公斤。我自己在後期體重增加得很少，主要是我都胖在前面：三胎都是在不知情的情況下懷孕的，第 1 胎時不到 3 個月更胖了兩公斤，讓我不得不馬上注意飲食，每一口吃進嘴裡的食物都斤斤計較。

三胎下來，我發現在懷孕 7 個月以後體重都增加很慢，尤其後期 8 個月到生產前，甚至每周產檢時，都可以測出寶寶體重持續增加，但我的體重維持不變的現象。這就證明我吃對了食物、攝取到了胎兒需要的蛋白質，因此胖到的是寶寶，沒有胖到媽媽。

### 柔媽咪的小叮嚀 3

懷孕後期的 3 大養胎重點：

1. 均衡飲食。
2. 增加蛋白質攝取，如牛肉、豬肉、雞肉、魚肉，幫助胎兒體重增加。
3. 易胖體質的孕媽咪，宜減少飯量，多攝取蔬菜。

## 柔媽咪的小叮嚀 4

懷孕前 3 個月是胎兒發育腦神經的重要時期,葉酸的補充相當重要。不過台灣人比較沒有葉酸不足的問題,因為我們居住的寶島有很多富含葉酸的深色蔬菜,像是菠菜、地瓜葉、空心菜、芥蘭菜等等,每個季節都有盛產的深綠色蔬菜類,所以孕媽咪只要平常有吃菜的習慣,可不用再額外吃葉酸補充品。

除了蔬菜之外,水果也很重要,但要選擇熱量及甜度較低的水果為佳,且最好選擇較中性的水果,像是蘋果、芭樂、番茄。過於涼性或熱性的水果就不宜多食用。不管哪一類水果,絕對要適時適量,均衡攝取。

# 柔媽咪的
# 孕期三餐規劃表

### 早餐 Breakfast
- 1 個拳頭的五穀雜糧飯或三明治
- 1 個拳頭的深色蔬菜
- 1 個拳頭的蛋白質

### 午餐 Lunch
- 1 個拳頭的五穀雜糧飯
- 1 個拳頭的深色蔬菜
- 1 個拳頭的蛋白質

### 下午茶 Afternoon tea
- 自製優格
- 水果

### 晚餐 Dinner
- 0.5 個拳頭的五穀雜糧飯
- 2 個拳頭的深色蔬菜
- 1 個拳頭的蛋白質

孕期飲食重點：

1. 媽咪懷孕 7 個月後，可以增加 2 個拳頭的蛋白質。

2. 容易發胖的媽咪，晚餐的飯量請減半。

3. 請少吃垃圾食物，如果一定要吃，請用「熱量遞減」的觀念，將易發胖的東西，
   放在早上吃。

# 柔媽咪的
# 好孕保養術

孕婦除了吃東西重視營養和健康外，用在身上和臉上的保養品、化妝品也需要特別講究。孕期對肌膚最大的挑戰，就在於皮膚會因荷爾蒙改變，肌膚容易乾燥、長痘痘、長斑，也會有黑色素的生成。如果在孕期不好好保養，真的會老得快喔！

我遇過太多因為擔心保養品成份，而乾脆完全不保養的孕媽咪。懷孕十個月，生完孩子後，肌膚也變黑、變乾。其實只要選對保養品，了解其中的成份，懷孕期間還是可以讓自己漂漂亮亮的喔。

## ❶ 保濕打底

在所有肌膚保養當中，保濕是最重要的。保濕就像蓋房子打地基一樣，只要保濕度的基礎足夠，肌膚自然會產生修護能力，其他的保養更能事半功倍。懷孕期間，我用的是天然草本精華液，和極度保濕的乳液來滋潤我的肌膚。孕期肌膚容易乾燥的問題，我則會每星期用一次保濕面膜來加強，幫肌膚做深層及集中保濕。做足保濕之後，我會使用美白產品，也會適量地使用對皮膚刺激不大的磨砂膏產品，有效地代謝老廢角質，讓後續使用的保養品更有效地吸收。

❷ 使用正確的美白產品

　　幾年前，A 酸是很紅的美白保養品成份，但有研究證實，孕婦使用 A 酸保養品容易造成胎兒畸形，便讓人留有「孕婦不可用美白產品」的觀念。準媽咪們其實無需過度擔心，現在很多保養成份已不添加 A 酸成份，且目前主流的美白產品成份，是熊果素、維他命 C 等，都是相對安全的美白成分。

　　至於有化妝需要的孕媽咪，放心，懷孕是可以化妝的，但是一樣要盡量避免使用含有 A 酸成份的美白化妝品，同時加強卸妝清潔及保養。保養及化妝產品的成分訴求越簡單越好，可以從懷孕一路用到生產完繼續使用，才是好選擇。因為產後育兒會長時間與小孩肌膚接觸，也不宜在身上擦含有太多化學成份的產品。

　　此外，以前單身時，我喜歡塗抹香水，從懷孕到產後，擔心香精會刺激小孩的呼吸道，所以現在不用香水了。

左起：我和小水果、小味留、老公

### ❸ 擊退妊娠紋

孕期賀爾蒙的變化，會使皮膚的黑色素細胞活動力增強，所以容易長斑，以及造成黑色素沉澱，如腋下、胯下會顯得特別黑，但每個孕婦的狀況不一樣，也有人沒有這些困擾。

有些研究認為，妊娠紋和肥胖紋是一樣的，都是因為皮膚過度伸展所造成的，而造成妊娠紋的可能因素主要有三項：
（1）有妊娠紋的家族史
（2）體重過重
（3）體重增加過多

我很慶幸，連生了三胎，一條妊娠紋都沒有，然而我媽媽從年輕時，就已經有妊娠紋了，所以家族遺傳史不見得是百分之百的絕對原因。根據我的觀察以及粉絲們的分享，有妊娠紋的人，往往是在懷孕期間胖得比較多的人。也就是說，一旦胖得太快，皮膚承受不了肚皮擴張的速度，就容易產生肌肉斷裂且難以回復的痕跡，就像竹筷子折斷了，沒有辦法再拼接回去的道理一樣。

所以愛美的孕婦，在孕期控制體重，可能會比狂擦預防妊娠紋生成的產品來得更為有效，絕對不會因為認真擦，或用貴的產品就不會有妊娠紋。儘管如此，孕期的保養功夫還是要做足喔，我會用油類保養品來擦肚皮到下腹部肌膚，其他部位則擦較為平價的身體乳液。大家可以選擇不同質地的保養產品，例如霜狀、乳液、油類，並以自己喜歡的產品來做保養。

# 柔媽咪的養胎教室 Q&A

新手媽咪在第一次懷孕時，常常會碰到很多問題，也有很多人常常來問我懷孕初中後期的注意事項。因此，柔媽咪在這邊把最常被問到、最常被誤解的十個問題，全部蒐集起來，一次解答！

**1** Q：懷孕期間可以吃藥嗎？

A：孕媽咪在懷孕期間，免疫力容易降低，但很多孕媽咪因為怕影響胎兒，就算生病感冒也不敢吃藥，其實這是不對的觀念哦！如果生病了還不處置，媽媽自己都有健康危機了，那怎麼能保住胎兒呢？與其拖上好幾個月，身體一直處在生病、疲勞的狀態，倒不如趕快調養好，這樣對孕媽咪的健康、作息、心情，以及胎兒成長，才會有幫助。

　　我懷第三胎的前幾個月，感冒得非常厲害，嚴重到已無法單純看婦產科，因為一般婦產科醫院裡，沒有特殊的儀器檢查喉嚨，也沒有抽鼻子的設備，所以我在看過兩次婦產科之後，轉往耳鼻喉專科看診了三次，讓醫師以專門的儀器將鼻子裡的濃涕抽出來，還服用了耳鼻喉科藥物。

　　醫師跟我說，孕媽咪生病時，不一定只能到婦產科就醫，如果有其他身體不適，也可以到專科醫院或診所。只要告訴醫生正在懷孕，醫生就會開立孕婦可以服用的藥。如果醫生沒有辦法分辨出哪些是孕婦可以吃的藥，那他也就不夠格當醫生，因為用藥可說是最基本的醫學訓練喔。

　　台灣衛福部對於藥品的分級，主要是參考美國食品藥物管理局（FDA）對懷孕用藥的分級，將各種藥物分為 A、B、C、D、X 等五級，這也是醫師給予孕婦建議的主要參考。所以，懷孕時是可以吃藥的，不需要強忍個人的不適，直到生完小孩才就醫。不過，坊間自行購買的成藥就完全不適合孕婦，一定要請醫生開立孕婦可以吃的藥物。

　　此外，許多孕媽咪在懷孕期間會服用中藥或營養補充品，例如維他命、鐵劑、鈣片等等，若在不當服用的情況下，仍有可能對胎兒造成影響。服用中藥前，要請執業的中醫師診斷，不可以自行到中藥房抓藥。如果想要補充特定的維他命，劑量也不可超出每日所需，也一定要跟醫師、藥師先商量討論過後，才能制定自己的營養品補充。

## 藥物分級定義

| 級數 | 定義 |
|---|---|
| A | 臨床研究對胚胎無致畸形的作用。 |
| B | 對動物的臨床研究，顯示無胚胎致畸形的作用；但是對於人類胚胎，臨床上尚無法完全確定或否定有無致畸形的作用。 |
| C | 對動物的臨床研究，顯示有胚胎致畸形的作用；但是對於人類胚胎，臨床上尚無法完全確定或否定有無致畸形的作用。 |
| D | 臨床研究對人類胚胎，有致畸形的作用；但是有必要時應權衡使用，因使用時的好處比壞事多。 |
| X | 臨床研究對人類胚胎，有致畸形的作用，孕婦不宜使用。 |

* 孕婦不可自行服用成藥。

* 使用藥物之前，一定要先詢問過專業醫師。

資料來源：衛生福利部國民健康署

**2** Q：懷孕吃燕窩、珍珠粉，小孩會比較白嗎？

A：孕媽咪都希望肚子裡的寶寶出生後白泡泡、幼咪咪，所以常有人問我：「要不要吃燕窩和珍珠粉呢？」

其實，寶寶的膚色是受孕時就已經決定好的，所以孕期吃什麼，並不會改變膚色。我和不少人一樣，第一胎當新手媽咪時，抱著「寧可錯殺，不要放過」的心態，只要大家說吃了不錯的，吃就對了，所以也吃下了不少燕窩。

至於效果呢？老大出生後居然又黑又黃，不是預期中的白嫩，當時好失望啊！不過在五、六個月大後，老大的肌膚開始越來越白了。之後懷第二、第三胎時，我沒有再吃燕窩，一方面省錢，一方面因為看了不少的資訊，發現原來吃白木耳也有不錯的美顏效果，於是就自己在家煮紅棗白木耳蓮子湯來喝，健康又養生。

至於珍珠粉，許多孕媽咪有「吃了會讓寶寶變白」的迷思。其實，珍珠粉的功效並不是讓寶寶變白，而是補充鈣質。珍珠粉中的胺基酸以及微量元素，能幫助媽媽安定睡眠，對於懷孕會大量流失鈣質還有孕期睡不好的人來說，吃珍珠粉是不錯的！

　　如果媽咪要補充珍珠粉，建議在孕期七個月之後再補，因為珍珠粉屬性偏寒，有些孕媽咪本身體質虛寒，如果太早吃珍珠粉，容易造成胎兒不穩定的現象。還是想吃珍珠粉的孕媽咪，請一定要在產檢時先詢問婦產科醫師喔。

　　我懷孕三胎下來，懷到第三胎時，營養品吃得最少，但寶寶出生後，卻也沒有因為這樣而不健康或不營養，所以「適當、適量、適時」，並且選擇品質良好的營養品補充，才是現代聰明的孕媽咪進補之道。

**3**　Q：懷孕一定要吃維他命或保健品嗎？

A：孕婦到底要補充哪一些營養呢？說實話，真的沒有一個標準準則。我懷第一胎時，跟所有的新手媽媽一樣緊張，幾乎所有的營養品都吃過，例如我吃了很多鈣片，但腳依舊會抽筋。懷老二和老三時，沒有特別補充鈣片，卻也沒有抽筋的問題，所以真的很奇怪。

　　懷第一胎時，我也吃了魚油，因為大家都說可以補充 DHA，但是後來讀到許多報導，得知魚油來源多數是深海大型魚類，且近年來因為環境污染惡化，恐有重金屬沈積的疑慮，魚油也不能和鈣片同時吃，因為當中的某些成份和鈣片結合後，會產生草酸鈣，影響凝血功能，可能在生產時讓產婦失血過多。因此，我決定捨棄魚油，改吃真正新鮮的魚，這樣一來，能補充 DHA，也不會有過多的健康疑慮。

**4** Q：懷孕要大量補充葉酸，預防胎兒腦神經血管缺陷？

A：葉酸是懷孕初期非常重要的營養，碘和葉酸對胎兒的腦部中樞神經發育也非常重要，衛福部還建議孕婦每天攝取碘200 微克、葉酸 400 微克，讓胎兒頭好壯壯，健康聰明的出生成長。

　　不過由於市售的葉酸錠劑量，往往超過孕婦一天所需要攝取的 400 微克，因此只要正常攝取食物、有正常吃菜的孕婦，可以不用過度擔心。以我自己為例，我一餐可以吃上兩個拳頭大小的深色蔬菜。不僅營養成份夠，也很有飽足感，肚子也沒有多餘的空間可以容納得下垃圾食物。

　　懷到第三胎時，我也沒有吃綜合維他命了。因為我的醫生跟我說，如果孕婦的飲食正常，已均衡攝取六大類食物，是不需要吃綜合維他命的。除非飲食極度不營養、不健康，或有嚴重孕吐、食不下嚥、吃什麼吐什麼的人，再額外補充保健品即可。若妳如果和我一樣，每個禮拜都有攝取到蛋白質（魚、肉或蛋都可以）和天然蔬果，真的不一定要多花錢買來吃，因為均衡飲食好過於靠營養品補充！

**5** Q：懷孕、哺乳期間不可以喝咖啡？

A：「懷孕或哺乳媽咪到底可不可以喝咖啡？」是個相當熱門的討論議題。國民健康署建議媽咪們少喝，且一天不可以超過 300 毫克的咖啡因攝取。換算下來，約是一杯馬克杯大小的黑咖啡，或是兩杯卡布其諾咖啡，其實都是正常可接受的範圍。

　　我在懷第一胎時，比較戰戰兢兢，完全沒碰咖啡。到了第二、三胎時，幾乎每週都會喝咖啡，但會喝得較淡，而且不加糖、不加奶精。因為糖吃多了會發胖、擾亂代謝；奶精則多是反式脂肪的奶球，當中也有很多人工添加物，比較不健康。有些人喝咖啡喝上癮，若一天不喝就會渾身不對勁，我沒有過度依賴咖啡的狀況，但很喜歡在早晨時光，在家裡慢慢地磨咖啡豆、愜意地泡一杯黑咖啡，享受空間裡充滿咖啡香味的氛圍，有時候只喝一、兩口，就很滿足了，一整天的心情也因此變得很好。

　　如果妳是產後正在餵母乳的媽媽，如果喝咖啡、茶等含咖啡因飲料，會讓寶寶煩躁不安，就需要暫停囉。哺乳媽媽的咖啡因攝取量和孕媽咪一樣，一天以 300 毫克為上限，而且最好在哺乳完後飲用。同時，哺乳媽媽最好在下午三點之後，不要再飲用含咖啡因的飲品。

**6** Q：孕婦不可以拿剪刀、釘釘子？

A：老一輩的總說，懷孕不可以拿剪刀、不可以釘釘子，據說會觸犯胎神，生出無耳、無手的小孩。但是現代醫學發達，在產檢的時候可以很清楚的檢查出胎兒有無異常之處，不會因為拿了剪刀，就讓胎兒少掉一根指頭。而且現代人的勞動量沒有以前的人來得繁重，懷孕時只要不是做太粗重的事情，日常生活是可以繼續的。

**7** Q：寶寶有黃疸，需要停餵母奶嗎？

A：媽咪不需要因此而停餵母奶。大家之所以會有這項迷思，是因為黃疸需要有足夠的水份去幫助代謝。親餵母乳時，因為不知道寶寶喝的量是多少，所以如果量不足，可能會讓黃疸值愈升愈高。另一方面，配方奶是用水沖泡，可定時又定量，才會有停餵母奶、改喝配方奶的說法。

　　我在第三胎時，出現了新生兒黃疸的症狀，我沒有停餵母奶，而是將原本的親餵，改為「母奶定時＋定量」的瓶餵方式，讓寶寶的黃疸指數順利下降。

**8** Q：懷孕不能有性行為，避免影響胎兒發育？

A：可以的，但也要看自身的體力而定，建議前三個月及後三個月不要進行性行為。且若媽咪出現不明出血、子宮收縮、不適情況就要停止，並且儘快就醫檢查。

**9** Q：孕媽咪要多休息、多臥床、少運動，以避免流產、早產？

A：其實這要看個人狀況。如果要運動的話，只要不是很突然、很劇烈的都可以。不過不建議在孕期冒然增加運動項目，如果原本沒有運動習慣的人，懷孕期間就以散步、快走為主即可。

**10** Q：孕期不宜開車、騎摩托車或坐飛機？？

A：可以的，我一直開車開到生產前一天。不過愈到懷孕後期，我會儘可能減少不必要的自駕機會。如果孕婦要搭飛機，則建議在懷孕中期（4～6個月）狀況最穩定的時候再搭乘。因為妊娠早期容易有孕吐或因先兆性流產，出現出血、腹痛症狀等等，而懷孕後期則是擔心孕婦或胎兒出現狀況，可能會在搭機過程中突然要生產，或有出血的突發狀況，若剛好機上缺乏專業人員及設備，會很棘手。現在大部分航空公司，也會限制懷孕 32 週以上的孕婦不能搭飛機。

如果有妊娠高血壓、糖尿病的人，以及容易有水腫、抽筋，甚至早期胎盤剝離等問題的孕媽咪，即使在懷孕中期，也應該避免搭飛機。搭飛機前，孕媽咪也一定要請婦產科醫師開立「適航證明」，以免登機被拒。

# 懷孕期間最重要的營養

懷孕期間最重要的兩項營養就是：葉酸與鐵劑。

懷孕期間，媽媽體重增加後，很容易出現生理性貧血，此時若沒有攝取足夠的鐵劑，血色素便會下降。但我不建議大家刻意吃營養補充品，因為台灣人普遍有「太愛補」的習慣，像是有人喜歡吃中藥、有人喜歡吃很多維他命。

其實最好的方式，就是以天然食物當中的天然維生素，為第一優先。只要均衡飲食，就能夠攝取孕期所需要的營養，像是肉類、蛋類、蔬菜類當中，就含有天然的鐵，深綠色蔬菜當中也有足夠的葉酸。

真的不用擔心孕婦期間營養會不夠。如果一定要補，那麼媽咪們一定要先問過醫師及專業醫護人員，才可適量攝取。

柔媽咪的烹飪教室
開課囉！

# 孕媽咪的好孕食譜

在懷孕期間，媽咪吃的東西或多或少都會影響到寶寶，所以在飲食的攝取方面，媽咪們一定要謹慎選擇。如果能自己下廚，那是最好的，因為這樣才能控管到安全、衛生和品質。我將和媽咪們分享五道食譜，這幾道菜是我覺得最適合孕婦吃的料理，希望還沒動手做過菜的媽咪們，在看完這幾道簡單、可口的料理後，也可以捲起袖子、拿起鍋鏟，下廚去囉！

# 蒜香鮪魚時蔬義大利麵

很多孕媽咪懷孕時怕胖，不敢吃澱粉，只好忍痛拒絕義大利麵。其實，用小麥麵粉製作的義大利麵屬於低 GI 食物，比精製澱粉製成的白米飯和中式麵條來得不易發胖。吃義大利麵會讓人發胖的，其實是熱量超高又重油、重口味的醬汁。所以，我建議使用蒜頭等天然辛香料來做義大利麵，既清爽又可減低使用醬料的負擔，且孕媽咪還可以攝取到足夠的碳水化合物，以及時蔬的纖維質、魚類的蛋白質，又不用擔心過胖的隱憂。這道料理作法簡單，是一道在家就能烹飪出高級餐廳質感的料理哦！

## 材　料

· 義大利麵條 1 人份　　· 洋蔥半碗

· 小黃瓜半碗　　　　　· 蒜頭 3 顆

## 步　驟

❶ 煮一鍋水，水滾後倒入義大利麵，煮熟撈起備用。

❷ 在鍋中倒入橄欖油，熱鍋，倒入切片蒜頭。待蒜片炒出香味後，倒入切丁的小黃瓜。

❸ 倒入煮熟義大利麵，拌炒。

❹ 拌炒過程如果覺得有點乾，可加入一點水。

❺ 倒入已煎好的鮭魚碎末拌炒。

❻ 隨個人口味加入義大利香料粉、鹽巴、胡椒等調味料。盛盤即可食用。

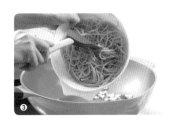

## 🖉 Tip

煎鮭魚的時候不需額外放油，只要將鮭魚放入冷鍋中再開火，就不會沾鍋了。
鮭魚本身的魚刺很明顯，記得先用手將魚刺挑出喔。

# 豬肉炒木耳

黑木耳營養價值高，有很多維生素、鐵質、鈣質、膠質，非常健康可口，也是增加料理的配色的好幫手，我做菜時很常使用。做菜時，除了顏色的搭配外，食材的均衡也很重要喔，像是在這一盤菜裡，有黑、有白，有肉、有菜，重點是熱量也不高，非常適合孕媽咪們享用。

烹飪時間
10分鐘

## 材　料

· 黑木耳 1 碗
· 豬肉（豬胛心部位）少量
· 筊白筍 1 碗

## 步　驟

❶ 在鍋中倒入少許橄欖油，熱鍋後，倒入蒜頭爆香。

❷ 蒜頭炒出香氣後，放入豬肉。

❸ 豬肉炒至五分熟後，放入蔬菜（筊白筍、黑木耳），拌炒至食材全熟即可。

❹ 均勻拌炒食材至熟透。

❺ 隨個人口味加入、鹽巴、胡椒、醬油等調味料。盛盤後即可食用。

## ✏ Tip

孕期的飲食儘量天然、清淡，若家中有一歲以上的孩子，也可以一同食用喔！

# 魩仔魚海帶芽蛋花湯

這道湯品從備料到上桌，不用 10 分鐘，是一道大人、小孩都很愛的湯品，也是「清冰箱」的好料理，看看冰箱裡有什麼吃不完的食材，都可以通通下鍋煮哦！

烹飪時間
10分鐘

## 材　　料

· 魩仔魚 1 小碗
· 雞蛋 1 顆
· 海帶芽少許

## 步　　驟

❶ 煮一鍋熱水，水滾後加入海帶芽。

❷ 加入魩仔魚。

❸ 打 1 顆雞蛋，不用打得太均勻，保留一點蛋黃、蛋白的樣子，等一下煮起來顏色會更有層次。

❹ 待水再次滾沸後，下蔥花及蛋花，馬上熄火。

❺ 不要攪動蛋花，靜置 1 分鐘。

❻ 滴 1~2 滴香油，立刻香氣四溢，也有畫龍點睛的效果。

❼ 依個人喜好加入鹽巴、白胡椒調味，即可盛盤食用。

## ✎ Tip

1. 蛋花下鍋的一瞬間，千萬不可以立即攪拌，否則整鍋湯會變得濁濁的，不好看。

2. 蛋花一下鍋就要熄火，這樣蛋才會又軟又嫩，順口好吃。

# 豬肉南瓜糙米燉飯

正統燉飯的作法，是用義大利生米直接下鍋煮，不過柔媽咪在這裡是用在地食材的「偷呷步」燉飯法。除了糙米，各類五穀雜糧飯也都很適合拿來做燉飯，除了白米，因為白米容易軟爛，較不適合做成燉飯。這道燉飯的另一個重點是「南瓜」，它富含天然的澱粉質，也富含維他命 A、糖、澱粉質、胡蘿蔔素。如果買不到南瓜，也可以用馬鈴薯來代替。

烹飪時間
15分鐘

## 材　　料

- 南瓜 1 小碗
- 豬肉 ( 豬胛心部位 ) 少許
- 糙米 1 碗
- 洋蔥半碗～1 碗
- 少許花椰菜 ( 隨意 )

## 步　　驟

❶ 南瓜預先切塊、蒸熟，用湯匙壓成泥備用。

❷ 糙米先蒸煮成糙米飯備用。

❸ 在鍋中倒入少許橄欖油，加入洋蔥、豬肉，均勻拌炒。

❹ 放入預先已蒸熟壓成泥的南瓜泥。

❺ 倒入一點水，湯汁就會變成南瓜濃湯的感覺。湯的濃度可依個人喜好調整，太濃的話可以倒入冷水。

❻ 在鍋中放入煮熟的糙米飯，讓米飯充份吸收南瓜濃湯。

❼ 以鹽巴和胡椒調味，即可盛盤食用。

 Tip

灑在燉飯上頭的不是迷迭香或巴西里葉哦！我的小技巧是：
把綠花椰菜的葉子切碎，就可增色及添加香氣了。

# 和風香蔥煎牛肉

牛肉有豐富的蛋白質、鐵質和維生素 B3、B6，是可以幫助胎兒長肉、快速增加重量的好食材，不過，孕媽咪最好吃全熟的牛肉喔！這道蔥爆牛肉，除了可以幫助媽咪攝取蛋白質、膳食纖維的均衡營養外，口味也很清淡爽口。

烹飪時間
10分鐘

## 材　料

- 牛肉 1 小碗 ( 牛小排部位 )
- 蔥少許
- 市售現成和風醬

## 步　驟

❶ 在鍋中倒入少許橄欖油。

❷ 待油熱後，放入蔥段煎香。

❸ 將切塊的牛肉依序擺入鍋中。

❹ 將蔥段及牛肉翻面煎到兩面都「恰恰的」，呈現有點焦黃的樣子，即可盛盤。

❺ 撒上蔥綠及白芝麻點綴，可依個人喜好沾和風醬食用。

## ✎ Tip

這道菜可澆淋在白飯上面，就成了讓人口水直流的牛肉蓋飯了。

## Chapter 2

# 柔媽咪的產檢教室

這一章節，柔媽咪邀請到汐止馨生婦產科小兒科院長蘇俊源醫師，幫大家上一門最有用的產檢課！在這一堂課裡，媽咪們可以了解到健保給付、自費的產檢，大家可以依照自己的狀況，並與醫師溝通，選擇最適合自己和寶寶的產檢！

# 倒三角型的
# 優生學產檢觀念

　　以前因為科技不發達，產檢能做的項目不多，到懷孕後期才有較多的檢查項目。不過這些產檢多著重於傳染性的疾病，例如媽媽是否有會傳染給寶寶的疾病檢測等。隨著時代的進步，新時代的產檢觀念，更加著重在基因方面的遺傳性疾病及胎兒影像學的結構異常。

　　所以，產檢的項目從「正三角形」變成是「倒三角形」的方式。媽咪一發現懷孕，就要開始檢查，檢查項目不僅很多而且很密集，不過這些檢查可以幫助媽咪在很初期的階段，就知道胎兒有沒有基因異常、媽媽有沒有遺傳性疾病會遺傳給胎兒等等。

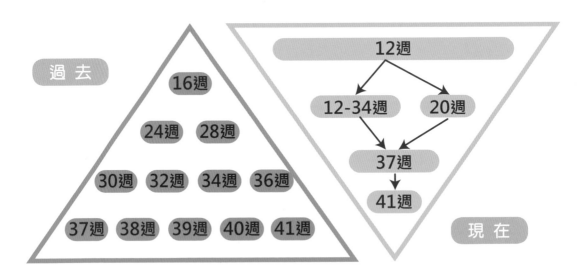

# 孕期早期和後期產檢的重點？

早期產檢時，如果確定胎兒有異常，如地中海貧血、脊髓性肌肉萎縮症、X 染色體脆折症、唐氏症⋯⋯等，父母可以提早決定終止妊娠。（台灣的法定引產周數是妊娠 24 週以前。）

如果父母仍決定保留胎兒，也可以在孕期提早準備，待孩子一出生，就可以開始介入治療。目前在懷孕後期要做的產檢項目相對較少，比較要多留意的，是媽媽會不會把傳染性疾病傳染給胎兒，例如 B 型肝炎、乙型 (B 型 ) 鏈球菌、披衣菌等，因此，後期產檢項目多數是與生產有關的傳染性疾病。

★ 早期產檢重點：檢查胎兒是否有遺傳性疾病
★ 後期產檢重點：檢查胎兒是否有傳染性疾病

# 為什麼媽咪
# 要做自費產檢？

　　很多媽媽問柔媽咪：「自費項目一定要做嗎？是不是醫院想多賺錢？」老實説，我也一頭霧水，搞不清楚哪些是一定要做的，幸好我的婦產科醫師、現任汐止馨生婦產科小兒科院長的蘇俊源醫師告訴我，現在產檢的技術進步很多，可以在懷孕初期就檢測出很多疾病，所以媽咪們可以善加利用這些資源，提早替寶寶的健康做把關。

　　這些日新月益的檢查，包括了遺傳性疾病及胎兒影像學結構異常，也包括傳染性疾病。蘇醫師還説：「新世代的產檢一定要有優生學的觀念。」所以，為了寶寶著想，一定要先做好產檢規劃。

　　傳統的健保給付，比較著重在傳染性疾病的檢查，像是媽媽有沒有梅毒、德國麻疹抗體、愛滋病、B 型肝炎等等。其他疾病的檢查，不代表不重要，而是國民健康署目前沒有這麼多經費可以補助，不可能全部都補助。

　　像是早期及中期唐氏症篩檢，目前都尚未納入全民健保給付的範圍，需由各地方政府負擔或民眾自費；乙型鏈球菌篩檢，以前是自費項目，近年來則已納入國民健康署補助的範圍。

一般產前檢查次數

| 懷孕週數 | 檢查次數 |
| --- | --- |
| 懷孕 28 週以前 | 每 3~4 週 1 次 |
| 懷孕 29~35 週 | 每 2 週 1 次 |
| 懷孕 36 週之後 | 每 1 週 1 次 |
| 懷孕 40 週以上 | 每 2~3 天 1 次<br>（宜安排催生事宜） |

## 理想的產前檢查時程及項目一覽表

| 產檢週數 | 健保給付（共 10 次）或自費 | 產檢項目 |
|---|---|---|
| 懷孕 < 12 週 | 健保給付 4-1* | 體重、血壓、尿液常規（尿蛋白）、超音波<br>抽血檢驗：血液常規檢查、海洋性貧血、德國麻疹抗體、梅毒、愛滋病、B 型肝炎、子宮頸抹片檢查（超過 30 歲的媽咪） |
| | 自費 | • 脊椎性肌肉萎縮症（SMA）<br>• TORCH（巨細胞病毒、弓漿蟲等）<br>• 早期子癇癇症（妊娠毒血症）篩檢<br>• 甲狀腺功能篩檢<br>• 孕母血中骨化二醇（維生素 $D_3$）檢驗<br>• X 染色體脆折症基因檢測<br>• 早期妊娠糖尿病篩檢<br>• 葉酸代謝 MTHFR 基因檢測<br>• 早產（流產偵測）<br>• 子宮頸長度測量 + 陰道滴蟲檢查 + 淋病檢查 |
| 懷孕 12~19 週 | 健保給付 4-2 | 體重、血壓、尿液常規（尿蛋白）、胎兒心跳 |
| | 自費 | 唐氏症篩檢：<br>1. 非侵入性抽母血，檢驗胎兒染色體（NIPT）及基因晶片胎兒 DNA 異常檢測（10~20 週皆可做）<br>2. 早期唐氏症篩檢（11~14 週）：胎兒頸部透明帶測量及嬰兒鼻骨測量<br>3. 傳統二指標母血（含神經管缺損檢測）<br>4. 四指標母血（含神經管缺損檢測）<br>5. 羊膜穿刺（建議高齡或唐氏症篩檢異常的孕婦需做）<br>6. 次世代基因定序（Arry CGH）胎兒基因晶片罕見疾病檢查（抽羊水或抽母血） |
| 懷孕 20~24 週 | 健保給付 4-3 | 體重、血壓、尿液常規（尿蛋白）、超音波 |
| | 自費 | 高層次超音波檢查 |

| 產檢週數 | 健保給付<br>（共 10 次）<br>或自費 | 產檢項目 |
|---|---|---|
| 懷孕<br>24~28 週 | 健保給付 4-4 | 體重、血壓、尿液常規（尿蛋白）、超音波 |
| | 自費 | 妊娠糖尿病篩檢 |
| 懷孕<br>28~32 週 | 健保給付 4-5 | 體重、血壓、尿液常規（尿蛋白）、超音波、梅毒 |
| | 自費 | 生產前血液項目、肝腎功能、凝血時間 |
| 懷孕<br>34~36 週 | 健保給付 4-6 | 體重、血壓、尿液常規（尿蛋白）、超音波<br>乙型鏈球菌篩檢（35~37 週，需另付耗材費）、生產計劃書說明 |
| | 自費 | 披衣菌 DNA 篩檢 |
| 懷孕<br>36~37 週 | 健保給付 4-7 | 體重、血壓、尿液常規（尿蛋白）、超音波、生產計劃書說明 |
| 懷孕<br>37~38 週 | 健保給付 4-8 | 體重、血壓、尿液常規（尿蛋白）、超音波<br>生產階段評估、協助產婦做好心理建設 |
| 懷孕<br>38~39 週 | 健保給付 4-9 | 體重、血壓、尿液常規（尿蛋白）、超音波<br>產婦開始注意胎動及宮縮反應 |
| 懷孕<br>39~40 週 | 健保給付<br>4-10 | 體重、血壓、尿液常規（尿蛋白）、超音波、胎心音及胎動測試、妊娠過期需注意胎盤功能退化之現象 |
| 懷孕<br>40~41 週 | 自費（IC 卡） | 體重、血壓、尿液常規（尿蛋白）、超音波、胎心音及胎動測試、可考慮安排催生事宜 |

資料來源：汐止馨生婦產科小兒科

註：健保把孕期產檢的編號列為 4。一共有十次健保給付，依序是 4-1、4-2……4-10

# 媽咪不可不知的唐氏症

唐氏症（Down Syndrome）俗稱蒙古癡呆症，是最常見的染色體異常疾病，主要是因為第 21 對染色體多出一條所造成的。唐氏兒生下來後，除了會有智力發展上的障礙外，還常伴有其他器官的先天性異常。每一個唐氏症胎兒的醫療照顧，將長期帶給家人經濟及精神上的負擔。

根據研究指出，唐氏症的發生率約 1/500~1/600，台灣每年大約有 600 名唐氏兒出生，平均一天生一個。由於 34 歲以上高齡產婦生下唐氏兒的機率為 20 歲年輕孕婦的四倍，所以常造成「高齡產婦才會生下唐氏兒」的錯誤觀念。

根據目前文獻報告，80 % 的唐氏兒是由 34 歲以下年輕孕婦所生。因此不管哪個年紀的孕媽咪，唐氏症篩檢都很重要。

# 蘇醫師建議！
# 孕媽咪最好一併檢查的項目 ──────

唐氏症

| 第一孕期唐氏症篩檢（頸部透明帶） | |
|---|---|
| • 檢查方式 | 超音波＋抽血 |
| • 檢查週數 | 11~13 週 |
| • 檢查費用 | 2900 元 |

　　第一孕期唐氏症篩檢簡稱「早唐」篩檢。由於唐氏症寶寶的頸部透明帶較厚且鼻骨較短（或缺少鼻骨），因此可以透過超音波測量胎兒的頸部透明帶和鼻骨狀態，再從抽血報告來評估胎兒罹患唐氏症的機率。如果指數屬於高風險，則需要再做羊膜穿刺確認。

　　「早唐」的執行難度較高，因為要精準測量胎兒的頸部透明帶，所以醫護人員操作的技術門檻較高。所以目前建議可以 NIPT（非侵入性的篩檢方式），取代第一孕期唐氏症篩檢。

| 第二孕期唐氏症篩檢 | |
|---|---|
| • 檢查方式 | 超音波＋抽血 |
| • 檢查週數 | 16~20 週 |
| • 檢查費用 | 2200 元 |

　　有的媽咪第一次到醫院檢查時，懷孕週期已經超過篩檢早唐的時間，便可以直接進行第二孕期唐氏症的篩檢（簡稱「中唐」篩檢）。「早唐」與「中唐」是二擇一進行。隨著科技進步，早唐、中唐這兩項篩檢，皆可以用 NIPT 來取代。

| NIPT | |
|---|---|
| ・檢查方式 | 抽血 |
| ・建議產檢週數 | 10~20 週 |
| ・自費參考費用 | 14000~30000 元 |

　　NIPT 是一種非侵入性的染色體篩檢方式（Non-Invasive Prenatal Testing，簡稱 NIPT），透過抽血，取出母體當中的胎兒游離 DNA，再利用高技術檢測方式，來做數據分析，篩檢胎兒第 13、18、21 對染色體是否套數異常，以及片段缺失基因異常，預查到新生兒可能會有的疾病。

　　目前 NIPT 可以篩檢出唐氏症（Down Syndrome, Trisomy 21）、愛德華氏症（Edward Syndorme, Trisomy 18）、巴陶氏症（Patau Syndrome, Trisomy 13）、透納氏症（Turner Syndrome, Monosomy X）、克氏症候群（Klinefelter Syndrome, XXY）、胎兒代謝基因異常疾病（例如：小胖威利症、貓哭症、黏多醣症）等。

　　唐氏症和愛德華氏症的檢出率高達 99.5%，是相當準確的染色體數目異常的篩檢方法，可取代目前的第一孕期唐氏症篩檢（準確率約 85%），及第二孕期唐氏症篩檢（準確率約 83%）。

羊膜穿刺

- 檢查方式　　　　以長針抽取羊水
- 建議產檢週數　　16~20 週
- 檢查費用　　　　8000~10000 元

　羊膜腔穿刺檢查，最理想的篩檢時機為孕期 16-20 週，方式是利用長針筒穿刺孕婦的腹部，抽取少量羊水檢查。羊水當中的胎兒細胞所呈現出來的，是胎兒染色體實際的狀況，因此該項檢測的準確度是 100%。

　目前，政府提供 34 歲以上的高齡孕婦進行羊膜穿刺部分補助費用喔！

## 蘇醫師專欄5
### 汐止馨生婦產科小兒科 院長

# 為什麼羊膜穿刺已經 100% 準確了，還要做 NIPT 檢測呢？

　　既然羊膜穿刺的準確度是 100%、NIPT 的準確度為 >99%，為什麼還會發展出 NIPT 等等的篩檢呢？原因有兩個：

（1）羊膜穿刺是侵入性檢查，有可能增加流產或早產的風險。

（2）NIPT 可作更安全性的檢查，除了檢測唐氏症外，也可做其他遺傳性疾病的篩檢。

　　要特別強調的是，NIPT 並不能拿來完全取代羊膜穿刺喔！一般會建議孕媽咪先做 NIPT 篩檢，若有異常，再做羊膜穿刺進行確診。

　　目前 NIPT 目前價位偏高，所以很多孕媽咪有「要不要做」的疑慮，如果 NIPT 價位較親民，相信有許多孕媽咪會把 NIPT 做為第一選擇。

## 高層次超音波

| | |
|---|---|
| · 檢查方式 | 超音波 |
| · 建議產檢週數 | 20~24 週 |
| · 檢查費用 | 4500 元上下 |

　　孕媽咪在常規產檢時所做的超音波檢查，因為儀器的限制，通常只能檢查胎兒的體重、心跳、胎位、羊水量多寡、胎盤位置……，無法看清楚胎兒細部構造，因此醫生會建議以高層次超音波來補強。媽咪在懷孕 20~24 週時便可進行檢測，把胎兒從頭到腳仔細檢查一遍，連胎兒有幾根手指頭都看得出來，也可以看胎兒有沒有器官及結構上之異常。

　　做高層次超音波需要花比較久的時間，因為要等待胎兒自動轉向可檢查的位置，所以至少要做一小時以上。建議孕媽咪可於懷孕早期時，就提早先預約該項檢查時間。

### 柔媽咪的小叮嚀 5

**媽咪要做「高層次超音波」檢查嗎？**

這個產檢項目我懷三胎都有做。為什麼要做呢？

因為高層次超音波是針對胎兒的「結構性」做檢查。舉例來說，胎兒染色體檢查正常，所有抽血、遺傳性疾病的檢查也都過關，但是出生後卻發現有心臟大動脈轉位的問題，有可能就是因為少做了高層次超音波！

自費項目的產檢要不要做，可交由孕婦決定。但孕媽咪們一定要瞭解充份的資訊後，才能更正確地做判斷及選擇喔。

## 產檢超音波 vs 高層次超音波

| 產檢名稱 | 檢查項目 | 費用 |
|---|---|---|
| 例行產檢的超音波檢查 | 胎兒的頭圍大小、腹圍、大腿骨長、體重、羊水多寡、胎位、胎盤位置 | 例行產檢由健保給付 |
| 高層次超音波檢查（孕期20~24週） | 胎兒小腦、大腦、側腦室、脊椎、眼距、上顎骨、上唇、臉部側面輪廓、肺臟、心臟、心室、肺動脈分支、主動脈、腹、胃、腸、肝、膽、腎、膀胱、橫膈膜、前腹壁、臍動脈數量、四肢、生殖器…，母體胎盤、羊水量、子宮頸長度等。 | 自費約 4500 元 |

## 脊髓性肌肉萎縮症（縮寫 SMA）

- 檢查方式　　　　抽血
- 建議產檢週數　　7~16 週
- 自費參考費用　　2500 元

　　這是一種染色體隱性遺傳的疾病，患者肌肉逐漸退化萎縮，日漸喪失走路、爬行、吞嚥、呼吸等能力，最後會因呼吸衰竭而死亡，類似漸凍人。

　　這種病除了少部分由自體的基因突變所致，大部分都是父母遺傳下來的，屬於隱性遺傳疾病。目前脊髓性肌肉萎縮症是僅次於海洋性貧血，發生率為第二高的基因遺傳性疾病，且還沒有治療的方法。

　　該項檢查相當簡單，只需要一般抽血即可直接進行基因檢測。每個人一生只須做一次即可，也就是說，懷第一胎時檢查，懷第二胎之後就無需再檢查。

## 先天性感染 TORCH 檢測

| | |
|---|---|
| · 檢查方式 | 抽血 |
| · 建議產檢週數 | 7~16 週 |
| · 自費參考費用 | 1800 元 |

懷孕的母親，在懷孕期間有五種嚴重的感染，會導致腹中胎兒畸形。因此，孕婦接受 TORCH 篩檢是非常重要的。其中的 O- 梅毒、R- 德國麻疹已涵蓋在產檢給付項目，其他三項是感染篩檢：T- 弓漿蟲、C- 巨細胞病毒、H- 第二型皰疹病毒則為自費。此檢驗方法為抽血。

## 甲狀腺功能檢測

| | |
|---|---|
| · 檢查方式 | 抽血 |
| · 建議產檢週數 | 7~16 週 |
| · 自費參考費用 | 600 元 |

甲狀腺功能亢進會引發嚴重的妊娠劇吐，而且會增加流產、死胎、早產、胎盤早期剝離、早期破水、子宮內胎兒生長遲滯、先天性畸形的風險。甲狀腺功能低下時，媽媽常常沒有明顯症狀，但胎兒容易產生生長發育遲緩、智能障礙，甚至有呆小症的情況。

## 葉酸代謝基因檢測

| | |
|---|---|
| ・檢查方式 | 抽血 |
| ・建議產檢週數 | 7~12 週 |
| ・自費參考費用 | 600 元 |

　　由母血葉酸濃度檢視葉酸需要補充的劑量。葉酸攝取不足之代謝異常風險有：胎兒神經管缺陷（無腦症、畸形兒）、自發性早產、巨球性貧血症、胎兒體重過輕、妊娠高血壓、胎盤早期剝離。葉酸代謝基因檢測可用抽血方式檢測。

## 子癲前症（妊娠毒血症）

| | |
|---|---|
| ・檢查方式 | 抽血 |
| ・建議產檢週數 | 11~13 週 |
| ・檢查費用 | 2200 元 |

在眾多的產科併發症當中，對孕婦與胎兒影響最大的，就是俗稱妊娠毒血症的「子癲前症」，其中小於 34 週發生的「早發型子癲前症」更是造成孕婦及新生兒發病與死亡最主要原因。

產婦在第一孕期 11~13 週就可以篩檢早發型子癲前症，藉由檢測胎盤生長因子（PIGF）與懷孕相關蛋白質 A（PAPP-A），即可篩檢出 80% 早發型子癲前症。早期治療可以有效減少早發性子癲前症的發生，而且一旦發現產婦是高危險群，醫師會開阿斯匹靈早期預防及治療，可以大大減少早期子癲前症發生率。

## 披衣菌（Chlamydia）

| | |
|---|---|
| ・檢查方式 | 抽血 |
| ・建議產檢週數 | 35~37 週 |
| ・檢查費用 | 700 元 |

披衣菌是常見的經由性行為傳播的疾病，風險包括：
（1）可能導致早產及子宮外孕。
（2）生產時會垂直傳染給新生兒，更有 50% 的機率造成新生兒結膜炎（砂眼），另外還有 20% 的機率導致新生兒肺炎或其他呼吸病，嚴重時甚至會有生命危險。

目前健保未給付，媽咪們需自費檢測。孕婦懷孕 35 ～ 37 週時，同時接受乙型鏈球菌及披衣菌 DNA 檢驗合併檢查，是最妥善的選擇喔。

## 孕母血中骨化二醇 ( 維生素 D$_3$) 檢驗

| | |
|---|---|
| · 檢查方式 | 抽血 |
| · 建議產檢週數 | 7~16 週 |
| · 檢查費用 | 1000 元 |

　若母血體內的骨化二醇濃度不足，會增加 49% 妊娠糖尿病、79% 子癲前症、58% 早產、52% 胎兒過小及多發性硬化症發生的風險，因此孕婦於第一孕期可抽血檢驗，就能即早發現即早治療。

## X 染色體脆折症（Fragile X syndrome）

| | |
|---|---|
| · 檢查方式 | 抽血 |
| · 建議產檢週數 | 7~16 週 |
| · 檢查費用 | 3800 元 |

　X 染色體脆折症是一種先天遺傳性、極為複雜的複合性疾病，症狀比唐氏症還多，如過動、智力障礙、發育遲緩、自閉等，大部份的家長以為寶寶喜歡動來動去，是個性使然，其實可能是遺傳性疾病造成的。它的病因是 X 染色體上之「FMR1 基因」產生突變的現象。

# 媽媽要不要施打百日咳疫苗？

「百日咳」對台灣人來説並不陌生，很多孕媽咪會覺得「好像小時候有打過」，沒錯，幾乎每個人都施打過百日咳疫苗，但是打了之後並不是終身有抗體，抗體會隨著時間而消逝。

百日咳是種傳染性疾病，所以如果母體的抗體不見了，新生兒一出生便容易受到感染。新生兒如果感染到百日咳，經常被誤診為是感冒，嚴重的話會發生咳嗽、發紺（臉部發黑）、呼吸中止、嚴重肺炎。

因此建議孕媽咪在懷孕 28 週以後施打，可以達到「一人打，兩人都受益」的效果，寶寶一出生就可以得到百日咳的抗體，也不會有空窗期。如果媽媽在懷孕後期沒有施打，在生產完畢後，也最好趕快施打，另外建議照顧新生兒的其他家人也要施打，避免傳染給新生兒。

- 建議施打疫苗週數　　　28~36 週
- 疫苗費用　　　　　　　2000~2200 元

# 媽咪一定要知道的
# 產檢流程

　很多孕婦在第一次產檢時，難免會緊張、不安，其實媽咪們只要放鬆心情，依照醫師和護士的指示，就可以很順利的完成檢測。產檢最主要的目的，就是要找出寶寶或是媽咪可能有的遺傳性或傳染性疾病，請大家不要害怕，因為只要提早發現，就可以和醫師提早找出解決方法。

## 掛號程序

## 產檢的注意事項

　如果媽咪們有嘔吐、出血、腹痛或是有其他疾病，請使用健保卡分別掛號喔！
（因為看病和產檢是分開的檢查，需要個別掛號）

　一般產檢必備文件：孕婦手冊、健保卡（無健保卡者，請使用自費產檢）

# 每個孕媽咪都該知道！
# 「妊娠糖尿病」

　　因懷孕才引起的糖尿病，就叫作妊娠糖尿病。懷孕時，胎盤會分泌大量荷爾蒙以維持正常的懷孕，但是這些激素也會使母親的血糖升高；大多數孕婦能適時反應，體內會產生更多的胰島素使血糖下降，維持正常的血糖濃度。但是少數媽咪的胰島素製造不夠，經常處於高血糖狀態，即稱為妊娠糖尿病。

　　台灣的妊娠糖尿病發生率高達 2.36%~3.8% 之間，若未及時發現，可能造成巨嬰症、寶寶出生後易有黃疸及低血糖之情形，甚至危及胎兒或母體。妊娠糖尿病篩檢有兩種方式：

（1）早期糖尿病篩檢

近年的研究顯示，若等到第二孕期（24~28 週）才診斷出妊娠糖尿病，時間稍嫌過晚，也可能會失去治療先機，所以會建議孕媽咪在早期先抽血做篩檢。

（2）中期妊娠糖尿病篩檢（OGTT）

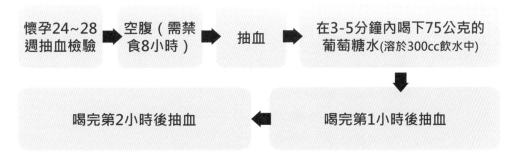

檢查重點：此過程中不可服用其他食物及外出走動，共抽 3 次血後才可以進食。

# 孕期 40 週的建議產檢項目

- 第一孕期唐氏症篩檢 (11-14 週 )
- 頸部透明帶及胎兒鼻骨

- 第二孕期唐氏症篩檢 (16-20 週 )
  ( 二指標、四指標 )
- 羊膜穿刺
- 胎兒基因晶片

★ ABO 血型
★ RH 因子
★ 海洋性貧血
★ 德國麻疹抗體
★ 梅毒
★ 愛滋病
★ B 型肝炎
★ 抹片檢查 ( 大於 30 歲 )

- 抽母血，檢驗胎兒染色體 (NIPT) 及基因晶片胎兒基因片段缺失檢測。

01 ⟩ 01 ⟩ 03 ⟩ 04 ⟩ 05 ⟩ 06 ⟩ 07 ⟩ 08 ⟩ 09 ⟩ 10 ⟩ 11 ⟩ 12 ⟩ 13 ⟩ 14 ⟩ 15 ⟩ 16 ⟩ 17 ⟩ 18 ⟩ 19 ⟩ 20 ⟩ 21 ⟩ 2

DHA 補充

- 脊髓性肌肉萎縮症 (SMA)
- TORCH( 巨細胞病毒、弓漿蟲等 )
- 早期子癲癇症 ( 妊娠毒血症 ) 篩檢
- 甲狀腺功能篩檢
- X 脆折症檢查
- 孕母血中骨化二醇 ( 維生素 $D_3$ ) 檢驗
- 早期妊娠糖尿病篩檢
- 葉酸代謝 MTHFR 基因檢測
- 早期 ( 流產偵測 ) 子宮頸長度測量＋滴蟲＋培養＋抹片

★ 胎兒超音波
- 高層次超音波
- 心臟超音波

★ 健保給付檢查項目
● 建議自費檢查項目

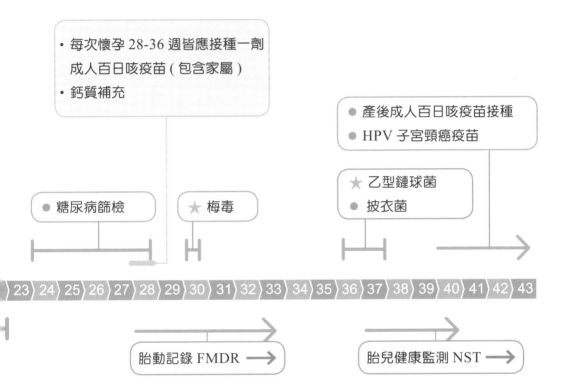

· 每次懷孕 28-36 週皆應接種一劑
成人百日咳疫苗 ( 包含家屬 )
· 鈣質補充

● 產後成人百日咳疫苗接種
● HPV 子宮頸癌疫苗

★ 乙型鏈球菌
● 披衣菌

● 糖尿病篩檢

★ 梅毒

23 24 25 26 27 28 29 30 31 32 33 34 35 36 37 38 39 40 41 42 43

胎動記錄 FMDR →

胎兒健康監測 NST →

註:流感季節 (10 月 ~3 月 ),任何孕期懷孕
婦女,為流感疫苗接種對象。

資料來源:榜生婦產聯盟

Chapter 3

# 柔媽咪的產後教室

寶寶出生後，媽咪們首先會遇到的第一個問題就是：我該去哪坐月子？有愈來愈多的媽媽，選擇在產後護理之家（俗稱：月子中心）坐月子，尤其是生第一胎的時候；也有另一些媽媽，選擇待在家裡，請家人或是月婆照顧。在這一章節裡，我會分享自己的經驗，幫大家補充坐月子的基本知識。

# 關於坐月子，你必須知道的 10 件事

老一輩的家長，多生於務農年代，所以坐月子時，會特別強調讓產婦調養身體、不要太快重返粗重勞力的工作。但隨著時代進步，現代人坐月子除了調養身體外，也著重於新生兒照護的提昇，不僅讓媽媽可以安心休息，也可以順便調養身體，讓媽媽在坐完月子後，可以有更好的身心狀態，迎接育兒的挑戰。

## 1 坐月子不可以洗頭洗澡？

現在的環境是可以洗頭的，只要洗完馬上吹乾，不要吹到風，其實就不會有頭痛的問題。不過我不鼓勵產婦一生完馬上洗頭，因為剛生產完，全身毛細孔都打開了，特別容易受到風寒，所以建議至少產後 5 到 7 天再洗頭比較好。

我生完三胎，都是在產後第十天才開始洗頭和身體，然後在第二十天洗第二次，洗完後也會在浴室馬上擦乾身體，並用吹風機把頭髮吹乾。洗完神清氣爽，身心都舒服極了！三胎生下來，也沒有出現任何頭痛的問題。不過，不洗澡、不洗頭的看法見仁見智，如果你真的有疑慮，或是家人百般阻撓，那建議還是和家人好好溝通，再尋求一個彼此都能接受的方式喔！

## 2 坐月子不可以喝水？需要喝米酒水嗎？

網路上曾流傳一句話：「產後喝白開水，會導致身體水份不易代謝，容易堆積脂肪，變成『水肚』。」有些人耳聞這件事後，開始在坐月子期間只喝茶飲，或者只喝濃度較低的米酒水。其實這是不對的喔！適量地喝水，才可以幫助新陳代謝，而且醫師會在產後開子宮收縮的藥，吃藥一定要配開水，不可以配米酒水或補湯，否則會影響藥效。

要預防「水肚」的方法，應該是要慢慢喝，不可以一口氣喝太多，同時要喝溫熱水，不喝冰涼的水才對。

## 3 產後要喝生化湯嗎？

老一輩的總說：「生產完要喝生化湯。」因此有不少長輩會直接到中藥行採買生化湯藥材，煮給剛生產完的產婦飲用。但你知道嗎？生化湯其實是藥物，需要經過專業中醫師看診、了解個人體質後才服用，這才是比較安全的作法。現代醫學發達，在生產完後，醫師都會開子宮收縮的藥劑，真的不需要再喝生化湯，否則有可能會大量流血，反而更加傷身。

## *4* 月子要坐幾天？

基本上是三十天，但也有一說是四十天。我生完第三胎時，因為沒有打算再生，便想乾脆最後一次把月子好好坐完，所以在月子中心待了一個月。回家後我又訂了一個月的月子餐，等於是吃了將近兩個月的月子餐。兩個月結束後，我覺得整個人從裡到外都非常舒服，彷彿脫胎換骨！不過，如果妳是職業婦女，需要趕緊回到工作崗位，不妨和醫師討論一下，根據自身的狀況，請醫師和妳一起評估需要坐多久的月子。

## *5* 坐月子期間都不能出門？

我三胎生下來，都在室內儘量待45天。過了45天，我才因為工作偶爾會出門到攝影棚錄影。但不曾發生過想逛街、想玩，而跑出門的情況。生產完後，身體許多機能還沒復原，如果妳也是餵母乳的媽媽，出門還更不方便。所以，我建議媽媽們，在初期階段，盡量不要出外拋頭露面，如果真的有需要，請一定要注意身體的保暖和照顧。

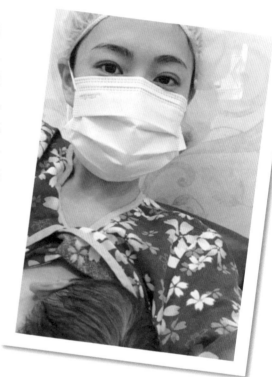

# 6 坐月子一定要吃麻油雞？

　　很多長輩會在產婦剛生完小孩後，立刻端出麻油雞，希望給產婦補一補身，然而剛生產完子宮需要收縮，也會排出惡露，不適合馬上進補，特別是剖腹的人，不能很快吃含有麻油、摻酒的月子餐，避免刺激傷口。如果真的要吃，最快也請等到產後兩週之後再進補。如果妳是自然產的媽咪，也請等到一週後再少量食用。

　　坐月子期間的飲食，應該跟平常一樣均衡飲食，如果吃太多肉類、油脂，很容易就會變成囤積在體內的肥肉。如果真的要吃麻油雞，那麼請適量食用就好，不需要餐餐都吃這麼補喔。

## 麻油雞要怎麼吃，才適合媽咪？

(1) 如果要食用麻油雞，建議調整酒精的攝取量以及烹煮方式。

(2) 如果要使用酒精，建議每日的攝取量不超過每公斤 12cc 以上。例如 50 公斤體重的媽咪，一天用量不要食用超過 600cc，要是超過此一用量，可就要先擠出母乳備用，或在飲用後兩小時內暫時停止哺乳。

總之，就是請媽咪們儘量食用不含酒精的食物，烹調容易吸收的高蛋白質食物，來調養產後身體。

**坐月子不可以看書、看電視、滑手機？**

　　理論上是儘量休息、儘量躺著，但現代媽媽很難做這件事。平常工作忙碌的我，在月子中心才有時間放鬆，也才剛好有這麼大的空檔，可以看電視、上網。趁著坐月子的時候，我看了好幾部當紅連續劇，「追劇」追得很開心。不過建議媽咪們，使用 3C 產品的時候，每 30 分鐘就要休息，起身走一走比較好。

 **坐月子時，可以吃水果嗎？**

建議吃平性的水果，涼性的水果儘量不要食用。

| 平性水果 | 涼性水果 | |
| --- | --- | --- |
| ・蘋果 | ・香蕉 | ・桑葚 |
| ・奇異果 | ・柿子 | ・獼猴桃 |
| ・番茄 | ・哈密瓜 | ・甘蔗 |
| ・芭樂 | ・西瓜 | ・無花果 |
| ・葡萄 | ・柚子 | ・甜瓜（香瓜） |
| ・櫻桃 | ・楊桃 | |

**產後要趕快穿束腹或塑身衣，以幫助身材儘早恢復？**

關於這個迷思，其實說法各異。有人說，產後要馬上穿沒有彈性的繃帶或束帶綁住髖部。我本來就是下半身比較胖的體型，加上又是剖腹產的緣故，所以反而擔心綁起來會影響傷口及惡露的排除。

如果媽咪想要調整體型、穿束腹衣的話，建議等好好坐完月子再開始，一定來得及，不用怕身材回不來。

**10 坐月子最好躺在床上，多休息、少運動？**

不論是自然產還是剖腹產的媽咪，身體都有傷口要照護，所以還是要以休息為主。如果是自然產的媽媽，可在床上做凱格爾運動，強化骨盆底肌肉，減少漏尿。但若是剖腹產，因為傷口較大，需要較多時間復原，較不建議貿然做運動。

如果媽咪坐不住，且在月子中心坐月子，可以在月子中心上瑜珈等運動課程，建議和專業人員討論後，再依照個人狀況，選擇適合的運動。

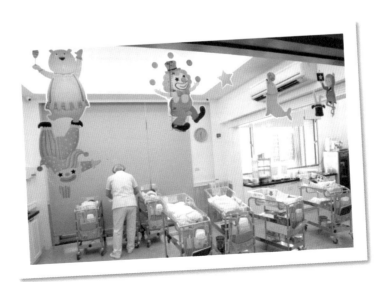

## 柔媽咪的小叮嚀 6

孕婦在產期會發生情況千奇百怪，所以，懷孕可說是用錢都買不到的賭注，沒有人可以說得準，也沒有一定會、或一定不會發生的事情！我懷第一胎時，嗜睡又嗜吃，還不到三個月就胖了兩公斤之多，嚇得我趕緊注意飲食。到了中、後期則是抽筋抽得非常嚴重。坊間常說，抽筋是鈣不足的徵兆，但是我補充了鈣質後，還是抽筋不止；到了懷第二、三胎時，我沒吃鈣片，卻也都沒抽筋，真的很神奇！

我在懷第二胎時，全身莫名其妙地長滿蕁麻疹，癢到生不如死，也找不出過敏原。奇怪的是，以前吃了不會過敏的食物，在孕期吃的時候就突然過敏了，卻又找不出到底是吃了什麼東西，讓人束手無策。

到了第三胎時，我常在懷孕初期感冒、鼻塞、孕吐，每天都在狂吐、狂咳，感覺快把五臟六腑咳出來似的，真的很痛苦。因為身體不好，我甚至沒有辦法照顧另外兩個孩子，必須將孩子分別送到婆家及娘家，請家人協助照顧。

所以啊，孕期當中真的有太多無法解釋的情況會發生，很多事情就連醫師也沒有辦法給答案，所以懷孕不僅是一個甜蜜的負擔外，更是一場生命的賭注啊！

## 柔媽咪的小叮嚀 7

### 幾歲生小孩比較好？

有人說早生比較好，有體力帶小孩，但也有研究數據說，三十歲之後生的寶寶比較聰明。我生三胎的年紀分別是 32、34、36 歲。懷孕三回下來，我發覺身體是騙不了人的，就算外表維持得再好，但是身體機能還是會隨著身份證上的數字而逐年改變的。

高齡懷孕、生產，在各方面都會比較辛苦，不僅風險比較高，對媽咪身體的負擔也比較大。我不贊成過於高齡生產，但是現代社會環境不同以往，要不要結婚或是能不能夠生小孩，都不是我們能夠控制的。所以，以我的經歷及觀察來說，我覺得女生在 28 到 35 歲之間生產，是比較適合的。因為現代人出社會時，往往已經 22、23 歲以上，若要等到經濟能力有點基礎，通常要 28 歲以後了。

不過，我也不鼓勵太年輕、沒有足夠的財力就生小孩。生小孩之前，一定要和伴侶坐下來好好評估、討論：

1. 目前雙方的薪水，能夠負擔請保母的錢嗎？
2. 如果小孩帶回娘家、婆家請家人照顧，會不會有隔代教養的問題呢？
3. 如果想要自己帶小孩，有沒有足夠的存款，讓這個家就算只剩下單薪，還是可以給孩子一個舒適的成長環境呢？

4. 媽媽在家帶小孩，會不會跟社會脫節呢？以後能不能再回到職場呢？

5. 如果媽媽能回到職場，職位還在嗎？就算回去了，拿得到同樣的薪水、每天可以準時下班接小孩嗎？

現代人生小孩，真的有太多需要顧慮的細節，十分辛苦。所以，我覺得 28 ～ 35 歲之間生小孩，屆時的社會歷練、經濟能力、心態都會比較成熟，體力、精神狀態也較能夠負荷。

# 比較：月子中心 vs 月婆 vs 自己坐月子

## 月子中心

　　愈來愈多的媽咪選擇在產後護理之家（俗稱：月子中心）坐月子，尤其是生第一胎時，因為新手媽媽有很多新生兒照護的狀況，像是如何幫寶寶洗澡、如何照顧新生兒臍帶，還有母乳哺餵……等問題，都可以在專業的坐月子機構獲得協助。而一般月子中心除了照顧新生兒，也會照護媽媽的身心靈，包括月子餐、產後運動、體重管理、心情關懷，也都能照顧到。

　　我三胎都是在月子中心度過第一個月的，所以也很推薦大家入住月子中心，我有幾個挑月子中心的重點：

1. 月子中心是否合法？
2. 月子中心的環境、地點是否符合期望？
3. 月子中心有多少位護理師？有沒有小兒科醫師巡視？
4. 月子餐的內容是什麼？
5. 月子中心有沒有產後的運動課程？
6. 月子中心有沒有開設嬰幼兒的照護技巧課程？

　　現在很風行去月子中心，所以建議懷孕初期就可以開始打聽哪一間月子中心比較好，順便參觀、預約，倘若是預算不高的新手媽媽，也建議去個10天或兩個禮拜，可以幫媽咪省下許多一開始手忙腳亂的狀況。

## 月婆

　　另外有一種坐月子方式，是請「月婆」到家中協助坐月子的。然而，我覺得這有點風險。因為月婆是很個人化的服務，有可能照顧小孩的方法、習慣和媽媽不同，也可能煮的月子餐不合口味等等，這些都是媽咪做決定前需要先考量的喔。

## 自己坐月子

　　有的產婦是由自己的媽媽或婆婆在家幫忙坐月子，這種方式通常是最省錢的。不過要特別注意的是，老一輩的觀念和媽咪的觀念是否一致？如果老一輩的教養方式，還是跟以前那個年代一樣，沒有與時俱進，就會很容易出現爭執，進而影響到產婦的哺乳狀況、育兒心情。那這樣倒不如一開始就選擇專業的醫護機構坐月子，長輩們偶爾前往探視即可。花點錢讓大家都輕鬆，也不會影響家人感情，何樂而不為？

# 傳統坐月子 vs
# 新式坐月子方式

　　很多媽咪從懷孕開始，就不斷打聽坐月子的方式，以下是柔媽咪替大家整理出來的表格，希望大家可以依照自己的狀況和需求，選擇最適合自己的坐月子方式。不管最後的選擇是如何，都請媽咪以輕鬆愉快的心情過每一天，這樣才能在產後迅速恢復，也才能和寶寶建立起親密的關係！

傳統坐月子：在家坐月子，或由婆婆、媽媽照顧
新式坐月子：在月子中心坐月子，或聘請月婆來家裡照顧

| 傳統坐月子 | |
| --- | --- |
| 優點 | 缺點 |
| 花費較少 | 媽咪和家人的育兒理念不一定相同，可能會引起爭執 |
| 環境熟悉，媽咪不會有認床、睡不好的問題 | 家中如有人感冒，可能會傳染給媽咪或寶寶 |
| 可和孩子 24 小時接觸 | 夜間仍須自行照顧，媽咪可能會睡不好 |
| 家中有其他小孩時，照顧上更為方便 | 家人烹飪的月子餐，營養攝取不一定均衡 |

| 月子中心 | |
|---|---|
| 優點 | 缺點 |
| 媽咪可 24 小時休息，寶寶有專人照顧 | 花費較高 |
| 有完善的月子餐規劃，營養均衡 | 需要適應新環境，可能會有認床、睡不好的情形 |
| 專業醫護人員駐點，一有問題可馬上諮詢 | 如家中有其他小孩，須暫時分離，並委託他人照顧小孩 |
| 有額外的媽咪課程可以上，補充育兒知識 | 家人需往返月子中心及住家，探視不便 |

| 月婆 | |
|---|---|
| 優點 | 缺點 |
| 媽咪可 24 小時休息，寶寶有專人照顧 | 費用較自己坐月子高 |
| 月婆可幫忙照顧孩子、煮飯、做家事 | 月婆素質不一，且須提早申請登記 |
| 家中有其他小孩時，照顧更為便利 | 月婆的育兒理念不一定與媽咪相同，需要時間磨合 |
| 環境熟悉，媽咪不會有認床問題 | 如對月婆不滿意，需要申請新的月婆，中間將出現空窗期 |

Chapter 4

# 柔媽咪的新生兒教室

何時該開始準備「新生兒用品」呢？柔媽咪建議從懷孕 5 個月左右、知道寶寶可能的性別後，就可以著手條列清單了。在進行採買前，為了省下更多小孩日後的教育基金，可以先從收集「恩典牌」開始，在這一章節裡，我會和大家分享如何準備寶寶的用品，並提供一些採買上的建議。

# 新生兒用品
# 採購建議

　　很多媽媽在得知懷孕後，就開始失心瘋地買，不管衣服、奶瓶、尿布，在懷孕不到五個月的時候，就已經囤積了一卡車的量。其實，媽咪們可以先冷靜一下，為了小孩日後的教育基金著想，其實可以不必在初期就投入這麼多資本。建議可以先從收集「恩典牌」開始，向親朋好友詢問有沒有二手用品，像是比較大體積，也是最大筆開銷的耐用硬體設備，如娃娃車、汽車安全座椅、嬰兒床等等。很多親朋好友的寶寶長大了，再也用不到這些設備，不妨打通電話，商量一下喔！

　　等到媽咪懷孕七、八個月，「恩典牌」的寶寶用品收集得更完整後，就可以進行明確的採買。採買前記得「貨比三家不吃虧」，多比價、多蒐資料、多打聽再下手，踩到地雷還事小，買到不適合的產品比較麻煩！建議媽咪們到大型的婦嬰用品專賣店前，先在家裡做一份需求清單，把寶寶、媽咪需要的東西全部列出來，才不會一到大型專賣店後，看到滿山滿谷的商品而不知所措，也才不會一下子暈頭，買了一堆根本不需要的東西（百貨公司週年慶也有不少優惠，可多參考廣告型錄，選對好時機再開始採購）。

　　以下是我懷第一胎時所列的寶寶用品清單，後面兩胎就沿用老大的，不需要再花太多錢。

## 柔媽咪的寶寶用品清單

| 項目 | 數量 | 說明 |
| --- | --- | --- |
| 嬰兒床 | 1 | 可先收集二手的恩典牌 |
| 娃娃車 | 1 | 可先收集二手的恩典牌 |
| 汽車安全座椅 | 1 | 可先收集二手的恩典牌 |
| 餐搖椅 | 1 | 可買可不買 |
| 紫外線消毒烘乾機 | 1 | |
| 溫奶器 | 1 | 可買可不買 |
| 奶瓶 | 6 | |
| 奶瓶刷 + 替換海綿 | 1 | |
| 天然奶瓶清潔劑 | 1 | |
| 羊脂膏 | 1 | 親餵時乳頭受傷使用 |
| 澡盆 | 1 | |
| 沐浴網 | 1 | |
| 水溫計 | 1 | |
| 脖圈 | 1 | |
| 漲氣膏 | 1 | |
| 嬰兒指甲剪 | 1 | |
| 口水兜 | 1 | |
| 洗澡用品 | 1 | |
| 爽身粉 | 1 | |
| 嬰兒衣物抗菌洗衣精 | 1 | |

| 項目 | 數量 | 說明 |
|---|---|---|
| 耳溫槍 | 1 | |
| 防水尿布 | 1 | |
| 嬰兒濕紙巾 | 1 | |
| 濕紙巾保溫盒 | 1 | |

## 寶寶衣物採買建議清單

| 項目 | 數量 | 說明 |
|---|---|---|
| 紗布衣 | 20 | 紗布衣多一點沒關係，因為寶寶會吐奶，一天換 4、5 件都不稀奇。若小孩是冬天出生，清洗衣服時還比較不容易乾，建議多準備一些紗布衣，媽媽才不會手忙腳亂。 |
| 包腳長褲 | 8 | |
| 連身棉質兔裝 | 8 | |
| 長袖包屁衣（厚） | 3 | |
| 冬天厚棉連身裝 | 8 | |
| 嬰兒用包巾 | 2 | |
| 厚棉睡袋衣 | 1 | |
| 厚棉外出抱袋 | 2 | |
| 毛毯包巾 | 1 | |
| 帽子 | 2 | |
| 襪子 | 2 | |
| 腳套 | 2 | |
| 手套 | 1 | |

註：1. 新生兒衣物建議先向親友收集「恩典牌」，可以省下非常多費用。

2. 此清單為冬天出生寶寶準備項目，因此以長袖衣物為主。如果寶寶是夏天出生的，則可適當減少衣物數量。

# 家裡需要
# 買嬰兒床嗎？

在準備寶寶的物品時，最佔體積又所費不貲的就是嬰兒床了。有的孕媽咪擔心寶寶出生後睡不慣，或是睡不到三歲就睡不下，要換床，所以很苦惱。嬰兒床到底要不要買呢？我覺得是需要的。

### 嬰兒床的三大好處

1. 如果能夠很順利地讓寶寶習慣睡嬰兒床，大人就可以有足夠的休息時間，也不用擔心睡眠時壓到寶寶。

2. 當媽媽要洗澡、煮飯、做家事時，只要把寶寶放在嬰兒床上，就可以放心地去做事。

3. 當寶寶會移動或翻身後，比較不會有莫名跌下床的疑慮。

但是，對於親餵母奶的媽媽來說，若小孩睡嬰兒床，半夜需要起身、抱上抱下餵奶很不方便，所以使用母嬰同床、躺姿方式餵奶是最便利的。孕媽咪如果有所猶豫，可以先向親友們借，若真的確定用得到，再依照自己的需求挑選喜歡的品牌購買。有些廠商推出成長型嬰兒床，可以隨著寶寶的身高調整長度，日後也可以變成桌椅或大人的床舖使用。

我很幸運，向親友收集到兩個嬰兒床，剛好一個放在自己家，一個放在婆家，這樣小孩不管到哪邊，都有專屬的床可以睡覺，也方便家人協助照顧。

## 柔媽咪的小叮嚀 8

**寶寶的衣服怎麼買？**

小孩子長得很快，尤其是新生兒，真的彷彿「一暝大一吋」。如果每次小孩長大一點，就要買新的衣服，其實是很傷荷包的。所以新生兒穿「恩典牌」的衣服是最好的。

老一輩的常說，小孩子穿別人穿過的衣服比較好養，這是很有道理的！以現代科學的觀點來看，有些新衣服上會有螢光劑和增白劑，但若是別人的二手衣，則因為已經過不斷地洗滌、曝曬，衣服上的化學藥劑已被洗掉，健康疑慮也比較小。

除了二手衣外，很多親友也會送新生兒全新的衣物，甚至會出現衣服多到來不及穿就穿不下的狀況。所以寶寶出生的前幾個月，基本上是不需要買新衣服的。

如果媽咪真的很想幫小孩打扮的話，建議可以等到小孩會爬，大概六、七個月大後再來治裝。同時柔媽咪也建議大家，如果要送別人新生兒賀禮，可以不用搶在前面的時期送。像我本身很喜歡送小孩一歲大之後使用的餐具、玩具，雖然小孩要隔較久才用得到，但一定用得到，也比較實際！

# 柔媽咪的待產包
# 裝什麼？

產婦在醫院生產後，通常自然產要住院三天、剖腹產要住院五天，且每個人身體狀況不同，要準備的待產包也略有不同。不少人產後會直接到月子中心報到，有的人則是返家坐月子，因此待產包可依照不同需求做準備。我生第一胎時，原本是以自然產為目標，但最後變成緊急剖腹，所以後面兩胎都是剖腹產。自然產和剖腹產要準備的項目有些是相同的。

以下是我生過三胎後，整理出來的待產品項目。建議媽媽們大致準備即可，不用過度擔心，因為醫院及診所的周邊一定有很多藥房及用品店，如果在生產時發現準備的不夠，再請先生去採買都來得及喔！

### 證件類

| 項目 | 說明 |
| --- | --- |
| 健保卡 | |
| 媽媽手冊 | |
| 夫妻兩人的身份證和印章 | 報戶口用 |
| 醫院生產相關資料 / 表單 | |
| 月子中心資料及單據 | |
| 臍帶血盒 | 如果要幫小孩存臍帶血，要把握黃金 24 小時。 |

## 生產及產後衛生用品

| 項目 | 說明 |
|---|---|
| 保養品 | 個人慣用精華液、乳液、面膜……等等 |
| 個人慣用保溫杯 / 環保餐具 / 吸管 | 吃月子餐使用，減少每次用餐就丟一次餐具 |
| 免洗內褲 | 30 件（用完就丟節省麻煩） |
| 看護墊 | 1 包（生產當天及住院時需要使用） |
| 產褥墊 | 2 包（生產完開始排惡露使用） |
| 衛生棉 | 1 包（產後使用） |
| 傷口束腹帶 | 剖腹產用。＊註 |
| 溢乳墊 | 3 盒（一盒 30 片） |
| 母乳儲存盒 | 2 |
| 母乳儲存袋 | 不一定需要，看乳量準備 |
| 純水清潔棉 | 親餵 & 擠奶用 |
| 濕紙巾 | 1 |
| 衛生紙 | 1 |
| 生理沖洗瓶 | 1 個（產後清洗私密處） |
| 手動擠奶器 | 在母乳還沒來之前，請先使用手動擠奶器。如果太快使用電動擠奶器，可能會導致乳頭受傷 |
| 電動擠奶器 | 可買可不買；媽咪請先判斷是否有奶水，再下手買。可以先挑選好自己想買的擠奶器品牌及款式，在坐月子期間由老公去幫忙買即可 |

## 產後個人衣物

| 項目 | 說明 |
| --- | --- |
| 哺乳內衣 | 4 件 |
| 毛巾料保暖睡袍 | 1 件 |
| 帽子 | 1 頂 |
| 襪子 | 5 雙 |
| 接見親友的室內衣物 | 1 套 |
| 個人保暖外出服 | 1 套（出院時及坐完月子要穿） |
| 嬰兒返家時要穿的保暖衣物 | 1 套 |
| 塑身衣 | 2 套（坐月子時穿的） |
| 樂活枕 | 1 個 |

## 電子產品

| 項目 | 說明 |
| --- | --- |
| 手機及充電器 | |
| 筆記型電腦及充電器 | |
| 相機及充電器 | |

註 1：每個人待產狀況和喜好不同，明細可以依個人狀況調整。

　2：「傷口束腹帶」是指剖腹固定傷口用的，並不是拿來綁肚子或瘦肚子用的束腹帶，請別誤會喔！

　3：到醫院的待產包，跟到月子中心坐月子的包包可以分開放置。

### 手動擠奶器 VS 電動擠奶器

坊間有各式各樣、不同功能訴求的電動母乳擠奶器，但是剛生產完，母奶分泌量還不夠時，不能貿然使用電動擠奶器。因為電動擠奶器有強大的吸力，會導致乳頭受傷，再加上親餵時寶寶吸吮力道很強，很多新手媽媽會因為太痛而過不了關，斷棄母乳之路。

我的建議是，一開始先使用手動擠奶器，擠的力道及速度可以用手控制，這樣也比較溫和。等到奶量衝上來後，每一次擠奶時，左右邊都各有 50cc 以上的奶量，再考慮採購電動擠奶器較為合適。

我是一直等到每次擠奶，兩邊乳房可以共擠出 200cc 以上，才開始使用電動擠奶器。電動擠奶器一樣可以向親友收集「恩典牌」，或是在懷孕時先挑選好想買的擠奶器品牌及款式，在坐月子期間由老公去幫忙買即可。多數月子中心有電動擠奶器可供使用，也有不少廠商提供網路租借服務喔！

# 新生兒出生後
# 有哪些手續需要辦理？

　　在寶寶出生後幾天，建議媽咪盡快把該辦理的手續一次辦妥，以免日後開始帶小孩，時間愈來愈少，反而更抽不出空去辦理喔！

## 需要辦理的文件

1. 報戶口
2. 申請健保 IC 卡
3. 勞保生育補助及個人保險理賠
4. 團保住院醫療理賠（如果有的話）

5. 買保險
6. 申請地方政府生育補助
7. 申請公司福委會生育禮金（如果有的話）

　　在媽咪出院前，也請記得申請出生證明、診斷書及收據明細（數份），報戶口的時候，也請多申請幾份戶籍謄本，以免日後因為缺文件而多跑一趟。

## 報戶口需要的文件

1. 出生證明書（需正本）
2. 申請人國民身分證、印章 (或簽名)

3. 子女從姓約定書
4. 戶口名簿

註：委託他人申請者，應附委託書、受委託人國民身分證、印章 (或簽名)

・申請方式：臨櫃
・領取方式：自領

・工作天數：隨到隨辦～ 3 天

# Chapter 5

# 柔媽咪的哺乳教室

無論對媽媽本身或是新生兒來說，餵母乳都有很多的好處，媽媽餵母乳可以促進產後子宮收縮、恢復身材；新生兒吸吮母乳可增強抵抗力，母乳有成長所需的所有營養，母子也能藉此建立親密的關係。

# 為什麼建議
# 媽咪「全親餵」？

　　無論是自然產或是剖腹產，我都建議剛生完以「全親餵」為主，直接用寶寶的嘴巴幫忙暢通乳腺，是最快的方式。通常生第一胎、沒有經驗的新手媽媽會辛苦一點，可能乳頭還會被吸破，或是疼痛難耐，這都是正常的。想餵母奶的第一關，就是必需要克服親餵母乳的身體不適感。在醫院時，可以抽空請護士教導正確的親餵方式。

## 親餵的方法

　　讓寶寶張大嘴巴含乳吸吮，連乳暈的地方都要塞進寶寶嘴裡吸吮才是對的喔！如果寶寶只吸住乳頭前端、一直拉扯喝奶，真的會讓人痛不欲生，而且也喝不到什麼母乳。

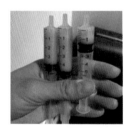

　　每個媽咪的生產狀況不一樣，如果生完可以立刻下床，親餵寶寶喝初乳是最好的，但若是像我一樣是剖腹產的媽咪，因為肚子上有傷口，加上掛著點滴及尿袋，不一定可以很快就下床親餵，這時候就可以用手動的方式，擠出初乳給寶寶喝。手動擠初乳非常辛苦，首先需要準備 2~3 支「針筒」，在醫院內的藥局都買的到。（因為初乳量很少也非常珍貴，所以用針筒收集初乳最為方便）

## 柔媽咪的小叮嚀 10

關於產後哺乳，網友說：「剖腹產比較沒有奶量」，然而，以我連生三胎都是剖腹產的經驗，歸納出要一個重點，如果母奶的量要足，其實還是在於「勤勞親餵＋勤擠奶」。

# 母嬰同室 vs
# 母子個別休息

　　人體的大腦和身體很奇妙，當寶寶吸吮時，母體就能接收到被需要的訊號。所以即便我三胎都是剖腹產，但往往到了第二天能夠下床走路後，我就會開始到嬰兒室親餵寶寶，而且不分早晚，只要寶寶有需求，不管半夜幾點，我都會起床去餵。

　　看到這邊，妳可能會好奇，如果我每天都要從房間走到嬰兒室去餵寶寶，那為什麼不選擇 24 小時「母嬰同室」？我的考量是，因為剖腹產後連照顧自己都有困難了，如果還要照顧新生兒，對媽媽來說是一個負擔，也無法專心照顧寶寶，所以才沒有選擇母嬰同室。我寧可每二到三小時等待嬰兒室的召喚，自己忍著痛走去親餵。半夜走到嬰兒室親餵的，常常只有我孤單一人，但正是因為這麼頻繁的親餵，我產後很快就漲奶，母乳量也源源不絕。

# 媽咪哺乳的 3 大重點

### (1) 媽咪需補充湯湯水水

餵母奶一天可以消耗掉 500 大卡，所以多補充湯湯水水也很重要。所謂的湯湯水水，不一定是補品，其實也包括了喝溫開水、豆漿、黑豆水等等隨手可得的低熱量飲品，有足夠的水份，母奶量也容易往上衝。

### (2) 母乳 + 配方奶，也 OK ！

雖然我一直鼓勵媽咪們餵母奶，但我希望大家可以保持愉快的心情去面對和努力，母奶有多少就給寶寶喝多少，不足的量，用補配方奶也沒關係。有些媽媽壓力很大，好像用了配方奶就是罪大惡極的事，其實真的不要這麼想！我遇過很多人一開始沒有母乳，先讓寶寶喝配方乳，到後頭才把奶量衝上來。

### (3) 母乳的量 ≠ 給寶寶的愛

所有媽媽都是愛寶寶的，不會因為奶多或奶少，妳的愛就會減少或增加，所以請用開朗的心情去面對餵母奶這件事，不要給自己太大的壓力，這樣反而能在無形中增加奶量，也可以增進你們的母子親密時光喔！

略為金黃色的珍貴初乳。

\* 註：每個媽媽的體質不一樣，所以擠出來的顏色會有不同。

根據國民健康署母乳哺育網站資料顯示，母乳中的成份可分為 3 個階段，不同階段的乳汁，適合不同月齡的嬰兒需要：

| 分娩後天數 | 乳汁名稱 |
| --- | --- |
| 分娩後 5 天內 | 分泌的乳汁：初乳（Colostrum），有不可多得的高營養價值 |
| 分娩後 5-10 天 | 分泌的乳汁：過渡乳 |
| 分娩 10-14 天後 | 分泌的乳汁：成熟乳 |

# 增加乳量的
# 5 個方法

## 1. 按摩乳房

1. 伸出 2 到 3 根手指頭，從外向乳頭方向打圈按摩乳房
2. 用整個手掌從底部向乳頭方向，拍打乳房（不要太大力喔！）
3. 伸出拇指和食指，放在乳暈邊，輕輕把奶擠出來
4. 伸出拇指和食指，在乳暈邊不斷變換位置，排出所有的乳汁

注意，按摩的時候不要太大力，如果太大力，可能會讓乳腺受傷喔！

## 2. 掌握正確的哺乳方式

　　要開始哺乳前，請媽咪一定要先把雙手洗乾淨，再開始哺乳。如果媽咪的乳頭有點凹進去，或是比較短，可以先捏著乳頭，慢慢地把乳頭旋轉拉出來。乳頭出來了，寶寶才會比較容易吸得到，也才能順利的喝到母奶。哺乳的時候，可以多多嘗試幾個不同的姿勢，找到一個妳和寶寶都舒適的角度。

　　寶寶如果吃飽了，就會自己鬆開乳頭。如果媽咪想要中斷哺乳，只要伸出手指，輕輕放入寶寶嘴巴就好了，請不要用力將乳頭拉出，不然會很痛喔！要注意，寶寶的下巴需要近媽咪的乳房，且寶寶嘴巴吸吮的地方應該是在乳房，不是在乳頭。

## 3. 補充易發奶的食物

要有充足的奶水，首先一定要補充「水分」和「蛋白質」，因為奶水裡面，95% 是水，另外的 5% 則是蛋白質。在哺乳的過程中，媽咪們一定要大量補充牛奶、雞蛋、蔬菜、水果的攝取，才能產生足夠的母乳供寶寶吸吮。

## 4. 提高寶寶吸吮的次數

如果寶寶吸吮次數不多，會造成媽咪的奶水愈來愈少，所以一定要增加寶寶吸吮的次數，媽咪也可以藉由寶寶的嘴巴按摩乳房，提高母乳量。一天最少要讓寶寶吸吮六次，如果乳量不足，也要讓寶寶繼續吸吮空乳房，因為這可以提高乳汁的再製造。

## 5. 媽咪需保持放鬆的心情

媽媽生產完後，可能會在生理及環境的影響下造成情緒的波動，有些媽媽甚至會出現心情不好等情況，這樣的負面情緒會影響母乳分泌。此時，建議爸爸辛苦照顧新生兒之餘，也多多關心、鼓勵新手媽咪，讓媽咪重拾笑顏，也能促進乳量。

**媽咪如果塞奶，怎麼辦？**

通常在生完第 3 到 4 天，胸部就會急速漲奶而產生硬塊，若不趕快排除便會塞奶，一旦整個塞住、推不開則可能會罹患乳腺炎，嚴重的話，還需要進手術房開刀。有非常多媽媽產後都有過乳房硬塊的困擾，不少人感慨：「我怎麼沒奶了？」其實不是沒奶，而是塞住了！就像蓮蓬頭堵住了，會變成細細的水流，正常的奶也應該是像水柱一樣，而不是涓涓細流。

每每遇到胸部出現硬塊的時候，我幾乎是馬不停蹄的進行疏通。在親餵後，趕快用手擠奶，一直擠到寶寶下一次親餵的時間。一整天一直循環著「親餵」、「擠奶」這兩件事，雙手忙到連吃飯和休息時間都沒有，就是不斷的想辦法把母奶擠出來。

胸部出現硬塊、塞奶時，最好的方法就是把寶寶抓來吸，用什麼方法沒有一定的準則，不過我會讓寶寶輪流用不同的姿勢吸奶，在親餵的同時，也試試看按壓不同地方的硬塊。然後我的作法是，從硬塊的中心點「按壓」下去，而不是去「按揉」硬塊。很多人會用按揉的方式，其實是不對的，因為母奶在裡面，怎麼揉也不可能散掉。正確的作法是用按壓的，才能把乳腺疏通，別無他法。

親餵完寶寶之後，我會再用「手動擠奶器」幫助把母奶擠出來，一樣會邊擠邊用「按壓」的方式按硬塊。很多人會直接使用電動擠奶器，再把吸力轉到最強、拼命吸奶，這樣其實是錯的喔！不但奶量出不來，乳頭也容易受傷。當寶寶正在吸奶的時候，或是正在使用手動擠奶器時，只要多按壓幾次胸部的硬塊，就有可能把塞住的乳汁按出來了呢！

有很多媽媽用錯方法，遇到塞奶擠不出來，因此決定退奶、放棄母乳之路。如果宣布放棄，就等於宣佈退奶。其實，解決塞奶的方法很簡單，就是「拼命手擠 + 親餵」就對了！

# 塞奶時，應該要
# 熱敷還是冷敷？

　　很多媽咪有個迷思，覺得如果塞奶時，趕緊熱敷就好了！其實這是大錯特錯的觀念，如果塞奶了，拜託千萬不要再熱敷！奶量增加了才能夠熱敷，如果妳是乳汁不足的媽媽，餵奶之前半個小時可以熱敷 15 分鐘左右。但是倘若乳腺塞住了，還用熱敷的方式，會更加的擠不奶出來喔。如果奶已經塞住了，請「冷敷」！也不是冰敷哦，冰敷接觸肌膚會太冰冷，容易感冒。

塞奶冷敷的 2 種方式：

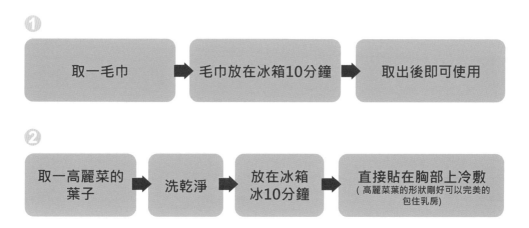

① 取一毛巾 ➡ 毛巾放在冰箱10分鐘 ➡ 取出後即可使用

② 取一高麗菜的葉子 ➡ 洗乾淨 ➡ 放在冰箱冰10分鐘 ➡ 直接貼在胸部上冷敷（高麗菜葉的形狀剛好可以完美的包住乳房）

　　其實，媽咪的乳腺會堵塞，是因為母乳來得太快，卻沒有即時把它排出來。如果再熱敷，反而會促進乳腺分泌，塞奶就會塞得更嚴重，更加擠不出來。唯有利用冷敷的方式，才能讓乳腺分泌速度變慢、降低流速，之後再搭配親餵、手擠、按壓，才可以排解塞住的狀況。

# 塞奶了，
# 媽咪要找通乳師嗎？

　　如果媽咪塞奶，網路上有不少人流傳可以找通乳師來通乳，但這是緩不濟急的方法，因為從硬塊發生到聯絡上通乳師，往往需要不少時間，很難立刻解決，當然有一些醫院有通乳師，但這個機率很小。所以，媽咪們在緊急的時候，真的只能自力救濟啊！

　　一旦乳腺疏通後，接下來的幾天，乳汁分泌會減少許多，那麼，就請再勤加擠奶。千萬不要意志消沉的告訴自己「我就是沒奶」，因為身體是騙不了人的，媽媽的意識在想什麼，大腦會立刻接受到訊息，之後就可能真的沒奶了。

## 冷熱敷適用情況

| 乳房狀態 | 冷敷／熱敷 |
| --- | --- |
| 漲奶速度太快、產生硬塊 | 冷敷 |
| 想幫助泌乳、促進乳汁 | 熱敷 |

* 疏通乳腺硬塊：要用「按壓」，而不是「揉散」。

### 柔媽咪的小叮嚀 12

想衝高奶量的哺乳媽咪可以「親餵完再擠奶」，因為這樣除了可以刺激身體泌乳外，也可增加母乳庫存量。「勤勞親餵」＋「勤擠奶」後，大腦會感覺到身體需要更多奶水。若每天能至少補充 2500 至 3000cc 的湯湯水水，奶量就能一天天增加了！

同時，擠奶時間一次最多 40 分鐘，每次至少間隔 3 小時，乳房才不容易受傷。媽咪的乳腺尚未暢通前，請勿使用電動擠奶器，因為這樣不容易擠出母乳，而且還會導致乳房破皮、流血。

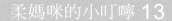

## 如何訂立擠奶時間表？

坐月子期間，為了衝高母奶量，除了親餵外，我更加努力擠奶，生老三時，因為黃疸指數高高低低，所以出生第七天後我就決定先暫停親餵，改用母奶瓶餵，讓寶寶喝到固定的奶量，去幫助身體代謝、把黃疸指數降下來。當時能做的就是認真擠母奶，我用表格記錄時間和擠奶量，平均是 3 到 4 小時就會擠奶一次（偶爾會因為訪客或賴床，而延遲時間）。

在我的表格紀錄中，我是以「開始擠奶」的時間做填寫，通常擠奶 30 分鐘結束（千萬不可超過 40 分鐘），所以下次擠奶時間是用擠奶「結束的時間」去加 3 或 4 小時。

以下我整理了第 3 胎、生產完第 7 天到坐月子結束的擠奶時間表，每天的第一次都是在半夜擠奶，因為凌晨擠出的奶量真的會比較多。所以就算沒有親餵，只要勤勞擠奶，奶量一樣可以源源不絕往上增加的！在擠奶或餵奶的前 30 分鐘至 1 小時，慢慢的分好幾次喝水或湯品，也有助於奶量的增加。如果產後發現自己母奶量很足夠的媽媽，就可以像我一樣準備母乳袋，將多的母乳冰凍保存備用。

## 坐月子第 7 天
## 一天擠奶總量為 430cc 的實際經驗

| 衝奶量的餵奶 + 擠奶時間建議表 | |
| --- | --- |
| 時間 | 奶量 |
| 00:05 | 親餵 + 擠奶 50cc |
| 04:10 | 親餵 + 擠奶 80cc |
| 10:00 | 擠奶 120cc |
| 11:15 | 親餵 |
| 16:00 | 擠奶 100cc |
| 17:00 | 親餵 |
| 20:20 | 擠奶 80cc |
| 21:10 | 親餵 |

## 坐月子第 14 天

### 一天擠奶總量為 890cc 的實際經驗

| 衝奶量的餵奶 + 擠奶時間建議表 | |
|---|---|
| 時間 | 奶量 |
| 00:00 | 親餵 |
| 02:50 | 擠奶 185cc |
| 07:00 | 擠奶 195cc |
| 10:30 | 擠奶 150cc |
| 11:40 | 親餵 |
| 15:50 | 親餵 + 擠奶 110cc |
| 19:00 | 親餵 + 擠奶 100cc |
| 22:40 | 親餵 + 擠奶 150cc |

## 坐月子第 22 天

### 一天擠奶總量為 1295cc 的實際經驗

| 衝奶量的餵奶 + 擠奶時間建議表 | |
|---|---|
| 時間 | 奶量 |
| 02:50 | 擠奶 275cc |
| 06:50 | 擠奶 220cc |
| 10:30 | 擠奶 250cc |
| 13:40 | 親餵 + 擠奶 150cc |
| 16:50 | 親餵 |
| 18:20 | 親餵 + 擠奶 150cc |
| 20:00 | 親餵 |
| 23:15 | 擠奶 250cc |

## 柔媽咪的小叮嚀 14

擠奶時間一次最多 40 分鐘，每次至少間隔 3 小時，
乳房才不容易受傷。媽咪的乳腺尚未暢通前，請
勿使用電動擠奶器，因為這樣不容易擠出母奶，
而且還會導致乳房破皮、流血。

# 親餵 + 瓶餵的
# 作息時間調整

很多媽媽會問我，妳是親餵還是瓶餵？哪一種方式比較好？我覺得這個問題因人而異。以我自己的例子來說，因為母乳量夠，所以我的三胎都是全母乳寶寶。在坐月子期間，我採用白天親餵、夜間瓶餵的方式，因為白天親餵寶寶可以刺激乳腺分泌、保持乳腺暢通，在晚上瓶餵則可以讓媽媽有較多的休息時間。

但是，坐完月子，第二個月回到家改成親餵，加上自己帶小孩、少了護理人員幫忙後，我發現全親餵這件事情，幾乎綁死生活的全部，要 24 小時以小孩的需要為第一優先，會沒有辦法好好吃東西，衣服放下去洗，洗到一半有可能就要暫停，還有半夜累到想多睡一點都不行，就是因為寶寶餓了就是餓了，無法等，親餵也沒有人可以代勞。

因為全親餵的關係，我很多想做的事做不了、也做不好，於是我開始有不好的情緒，也容易發脾氣，我覺得這樣下去是不行的。因為當媽媽本身不開心的時候，寶寶是會感覺到的，再加上後來復出外出工作，促使我改變哺乳模式。我調整的模式是：定時把母奶擠出來，將寶寶每一次需要喝的量，固定裝好在奶瓶裡，按照「先進、先出」的規則冰在冰箱裡，並告訴幫忙餵食的家人。白天喝奶時間一到，我、老公或是媽媽，任何一人都可以分擔餵奶這件事。到了晚上，我則維持 1 到 2 次的親餵，保有和小孩之間無可取代、最親密的互動。

| 職業媽媽的全母乳餵養法 | |
| --- | --- |
| 坐月子期間 | 白天親餵、夜間瓶餵 |
| 坐完月子後 | 白天瓶餵、夜間親餵 |

* 有上班的補乳媽媽：母乳擠出來，請他人幫忙瓶餵。
* 每天多存一點母乳做成母乳凍當庫存，就算外出工作也不怕沒存量。

## 柔媽咪的小叮嚀 15

**母乳媽媽可以染、燙頭髮嗎？**

根據母乳推廣協會的建議，染、燙髮時只要頭皮沒有傷口，是沒關係的，因為外用藥物進入體內的代謝時間比內服藥更短，且進到乳汁的藥及化學物質是非常微量的。而且，如果不能染燙，那髮型設計師媽咪怎麼工作呢？

染燙髮後，請媽咪先包住頭，不要讓寶寶接觸到染劑，才是重點。不過，不建議哺乳媽媽自行買染劑在家染頭髮喔，建議還是找專業人士進行染燙髮，並請設計師確實隔離頭皮上的染劑，才是上上策！

# 母奶應該
# 餵到小孩多大？

　　餵母乳是件既辛苦又麻煩的事，要忍受身體上的變化，以及很多限制，實在無法用任何的金錢去評估。雖然鼓勵大家餵母乳，但是真的「有多少奶，就餵多少」，不用把它當成一個很大的壓力。能夠全母乳當然是最棒的，但每個媽媽的狀態不一樣，有的忙工作，有的因為環境不允許而不能餵。不管能不能親餵，都要請媽咪知道，不餵母乳不代表你不愛小孩！

　　世界衛生組織鼓勵媽媽們，以純母乳哺育寶寶至少 6 個月。以我個人的看法，我則是覺得媽咪最少餵到 4 個月，我自己則是以 6 個月為關卡。我遇過「我就是不想餵」的媽媽，讓人覺得很可惜。至於要餵到幾歲呢？一般來說，1 歲之後，孩子由副食品階段慢慢和大人的作息、飲食一致後，喝母奶通常是安全感成份居多。有些孩子則是到了 4、5 歲還在喝母奶，每天黏著媽媽不放，不僅影響到媽媽的作息，還導致孩子不愛吃其他食物，那麼，這時候真的還要繼續嗎？我想，這已經不是單純的餵食問題，而是更深的教養問題了。

## 柔媽咪的小叮嚀 16

### 停餵母乳小心發胖

產後想瘦身的媽媽們，飲食原則其實跟懷孕一樣，均衡攝取各類營養、垃圾食物不要吃。如果只有攝取正常的肉、蔬菜量，都不會發胖。餵母奶的媽媽很容易肚子餓，因為哺乳消耗很多體力，所以只要不是太誇張，偶爾想來杯珍珠奶茶，或蛋糕、麵包，也不會發胖。比較要注意的是，停餵母乳之後，如果飲食的份量沒減少，體重就很容易回不來，所以餵母奶的媽媽要特別小心喔！

# 母奶和配方奶可不可以
# 混合給寶寶喝？

　　母奶和配方奶絕對不可以混合，也不可以與水、米精、麥精混合後給寶寶喝。
有些媽媽在準備停餵母奶，要銜接到配方奶的期間，會把母奶裝進配方奶的奶瓶
當中一起瓶餵。還有些人覺得自己的母奶太稀，擔心寶寶喝不飽，便把水跟母乳
混在一起，或是把米精、麥精混入母奶當中。這些行為都是不 OK 的！很容易導
致嬰兒水中毒或細菌感染！

　　因為母奶是很敏感的東西，本身有很多菌，千萬不要跟其他東西摻雜在一起，
否則可能會改變母乳裡面的營養成份。母奶一定要讓寶寶單獨喝，如果想銜接配
方奶，就應該用一個奶瓶裝母奶，另一個奶瓶再沖泡奶粉。先喝完母奶，再喝配
方奶。

### 寶寶要喝水嗎？

　　有些家長擔心寶寶會口渴，在餵完奶後給寶寶喝一點水，這也是不對的。寶寶
滿 4~6 個月開始吃副食品，也就是說寶寶 4 個月大之前，不可以接觸「奶」以外
的東西，連水也不行喔！

## 柔媽咪的小叮嚀 17

**媽咪們，請不要用奶瓶給「奶」以外的食物！**

・奶瓶只能用來喝「奶」！　OK
　（母奶或奶粉沖泡出來的奶）

・不要用奶瓶喝水！　NO

・不要用奶瓶喝果汁！　NO

・不要用奶瓶喝米麥精！　NO

# 寶寶奶瓶的
# 清潔重點

在哺餵母乳期間，如果外出過夜，除了會準備擠奶器具及奶瓶外，我也會帶著簡易奶瓶架，把奶瓶洗乾淨、用熱水燙過後，便放在奶瓶架上，待晾乾後再裝入母乳。沒想到竟有不少網友問我：「為什麼奶瓶要晾乾？用熱水燙一燙就可以裝奶啊！」讓我驚覺到：原來有很多人覺得奶瓶沖洗完，就可以直接使用。

其實這是不對的！為什麼呢？因為水當中有許多微生物及生菌，會隨著時間滋養，就算奶瓶以滾水煮過還是一樣。水透過不同的容器，再跟母乳混在一起，永遠不知道會在多久之後產生什麼變化。如果母奶或奶粉沒喝完，放了好幾個小時，甚至放到下一餐，當中可能會有很多細菌在奶瓶裡滋養。

這道理跟大人吃飯的碗盤是一樣的，有時候趕時間，我會把餐盤用水洗一洗，還沒乾就盛裝菜肴，但是這一餐若沒吃完，就不會再吃了。再舉一個例子，每當煮好一鍋湯，不可以拿上面沾有水份的湯匙去舀這一鍋肉，因為湯匙上的水是有細菌的，任何的食物沾到水，一定會產生菌的變化。罐頭食品也不可以用沾有水或口水的湯匙去舀，否則一定會生菌、發黴。

同理可證，如果是很緊急的情況，手邊只有一個奶瓶，又急著要給寶寶喝奶，那麼，媽咪可以將奶瓶清洗乾淨、用熱水沖燙一下，就馬上沖泡配方奶，或是倒入母奶給寶寶喝，不過，一定要讓寶寶馬上喝完。如果時間充裕一點，建議還是等奶瓶完全乾燥後再使用。千萬不要小看水所帶來的影響。請記住：母奶不可碰生水！奶瓶請完全晾乾再使用喔。

# 瓶餵母乳道具
# 注意事項

### 奶瓶

目前市面上的奶瓶有玻璃、PES、PPSU、PP 等材質，我習慣用玻璃和 PES 這兩種。玻璃的好處是耐高溫，較不需要替換，不過卻有可能摔壞的疑慮。PES 也有耐高溫的好處，且不含雙酚 A，如果摔到不易產生裂痕，不過用一段時間要替換。寶寶月齡小的時候，我用玻璃奶瓶餵奶，等到寶寶長大再添購 PPS 奶瓶，讓寶寶可以自己拿著喝奶。

我通常準備 6~8 瓶奶瓶，因為可以同時放進奶瓶消毒鍋一次消毒。一開始我會建議媽咪準備 120ml 容量的小奶瓶，等到寶寶愈喝愈多後，就改用 240ml 容量的奶瓶。

## 柔媽咪的小叮嚀 18

**清洗奶瓶的重點**

清洗奶瓶時，一定要用專用的刷子，不可以和家中洗碗盤的刷子混用。我習慣用奶瓶專用的海綿刷，較不易把奶瓶壁刮壞。若奶瓶壁有刮痕，細菌很容易藏在裡面。媽咪也可以選購奶瓶專用的清潔劑來清洗，特別是拿來裝母奶的奶瓶，總是會留下一層母奶的油脂，一定要加入清潔劑才洗得乾淨。

## 玻璃奶瓶

- 優點　　　　可使用很久，耐高溫可清洗乾淨
- 缺點　　　　重量重、容易打破

## PES、PP、PPSU 奶瓶

- 優點　　　　不會破掉
- 缺點　　　　容易有刮痕，要用專用的奶瓶海綿

　　　　　　　刷。會霧化，3~6 個月要更換

### 柔媽咪的小叮嚀 19

**選購奶嘴的重點**

1. 奶瓶上的奶嘴，建議選用乳膠材質的
2. 奶嘴買來的時候是透明的，經常使用及消毒後會霧化，所以通常 3~6 個月就要替換。
3. 奶嘴上的孔洞可分為圓孔、十字孔、Y 字孔，圓孔，又依月齡分 L、M、S 不同大小的孔洞，可視包裝上建議的月齡來選擇。
4. 如果是親餵和瓶餵同時並行的媽媽，建議買仿母乳造型的，避免寶寶乳頭渾淆。

## 母奶顏色和營養程度有關聯嗎？

　　很多人看到我的母奶是黃色的，會覺得好營養。不過，其實母乳的顏色與個人體質有關，千萬不要因為自己的母乳很稀或太白，就覺得沒有營養，母乳都是很有營養的。

　　親餵母乳的媽媽也很容易認為「寶寶哭」＝「沒喝飽」，所以只要寶寶一哭，媽媽就立刻給配方奶，這樣會造成奶量日益下降，身體的奶量也會越來越少。媽咪們請千萬不要「妄自菲薄」，不管妳的奶再怎麼稀、再怎麼沒奶量，都有能力餵飽自己的小孩，這是上天給每個媽媽的天賦喔。

# Chapter 6

# 柔媽咪的副食品教室

歷經寶寶出生、餵奶的過程，相信媽媽們的育兒之路已經越來越上手，然而，隨著寶寶月齡增加，就要開始準備餵食副食品囉！最困擾媽媽們的，可能就是最初期，要從母奶或配方奶轉換到開始吃副食品的階段。在這一章節裡，柔媽咪將和大家分享如何準備副食品，以及幫大家補充副食品的相關知識。

# 副食品要從
# 什麼時候開始吃？

　　有好多媽媽問我：「副食品要從什麼時候開始吃？」一般建議，寶寶滿 4 個月就可以開始吃副食品了，最慢 6 個月大也要吃，至於到底要哪時候開始吃，媽媽可以自己決定。

## 全配方奶寶寶

　　4 個月大就可以開始吃副食品，因為配方奶不足以提供寶寶成長所需要的營養。

## 全母乳寶寶

　　6 個月開始，母奶會不足以提供寶寶需求，屆時就要開始添加副食品。我的前兩個孩子「小味留」、「小水果」都是滿 6 個月大那天開始吃副食品，而老三「小檸檬」雖然和哥哥、姐姐一樣是全母奶寶寶，但是她 4 個多月大就長牙齒了，還表現出想吃東西的表情，因此我提早在寶寶 4 個月又 20 天大時，便開始添加副食品。

　　通常寶寶在 4 ～ 6 個月齡階段，一天仍要喝奶 5、6 次、每四小時左右喝 1 次，因此第一次嘗試副食品的寶寶，媽咪可以選擇在下午、兩次餵奶中間開始進行餵食。媽媽要以很輕鬆，並很有協調性的節奏，慢慢地把副食品餵食加進來。等到餵食 2 ～ 4 周後，等寶寶越吃越好後，才可以增加為一天兩餐副食品。

有些家長很心急，認為寶寶開始吃副食品不久後，就應該馬上減少餵奶的次數和奶量，並以副食品取代喝奶，認為這樣寶寶可以攝取更多的營養。其實媽咪們真的不要操之過急，因為「副食品」之所以稱為副食品，就是表示它不是主食，而是由喝「奶」過渡到吃「正食品」之間的銜接品。所以，我會建議隨著寶寶的月齡增加，通常是 10 個月大之後，再來慢慢做替換：一歲之後，慢慢跟大人吃的一樣，這時候「奶」才可以退居成為「副食品」而可有可無了。

如果寶寶想吃副食品了，他會開始發出一些訊號，像是：

1. 寶寶流口水
2. 寶寶開始長牙，有咬東西的跡象
3. 脖子硬挺，能夠在稍微扶著的情況下坐正

## 柔媽咪的小叮嚀 20

有的媽媽會把米精麥精米糊加到奶瓶中餵食，這樣不 OK 哦！因為吃副食品初期的目的，並不是讓寶寶吃飽，而是要練習咀嚼及吞嚥，如果媽咪仍用奶瓶餵食，將會失去意義，所以請一開始就用湯匙餵食！

# 大家說的 10 倍粥泥、7 倍粥泥、5 倍粥泥，代表什麼意思？

7 倍粥泥

10 倍粥泥

5 倍粥泥

「X 倍粥」代表的是粥的濃稠度，從最稀到最濃為：

10 倍粥泥 > 7 倍粥泥 > 5 倍粥泥

## 10 倍粥泥、7 倍粥泥、5 倍粥泥，各要加多少水？

• 10 倍粥泥：1 杯米 + 10 杯水

• 7 倍粥泥：1 杯米 + 7 杯水

• 5 倍粥泥：1 杯米 + 5 杯水
  （裝米、水的容器要一樣，才能做倍數對等的調整喔！）

## 寶寶副食品的練習

　　寶寶開始吃副食品之後，進食方式就會由喝奶的「吸吮」模式，逐漸轉為「咀嚼」及「吞嚥」的練習，因此副食品的準備上，應該要從「流質食物」，慢慢轉化為「糊狀食物」，再到「半固態食物」，最後進展到和大人一樣的「固態食物」。

### 柔媽咪的小叮嚀 21

有很多媽媽曾問我：「我不太會煮飯，要怎麼煮寶寶副食品？」其實媽媽不需要過度擔心，因為剛開始餵副食品的量非常少，而且食材簡單非常好製作。在這個階段，寶寶還在學習如何用湯匙進食，所以一開始難免接受度比較不高，甚至還會有寶寶把食物吐出來，但這些都是很正常的反應，請媽咪們不要太驚訝。

# 寶寶的第一口副食品
# 應該吃什麼？

　　寶寶的第一口副食品，一定是白米和水以 1:10 比例烹煮後，再打成泥的「10 倍粥泥」。每個寶寶開始吃副食品的月齡不一樣，4 個月大的寶寶 10 倍粥泥可能要吃好幾周，但是 6 個月大才吃副食品的寶寶，吞嚥狀況很好的話，吃 10 倍粥泥可能會太容易，需要馬上調整到比較濃稠的 7 倍粥泥，或是 5 倍粥泥。在餵食的過程當中，如果發現粥的濃度不合寶寶口味，粥太濃則可以加熱開水稀釋；如果太稀的話，可能沒辦法調整濃度，須等下一次調配時再改善。

寶寶的第一口副食品應是「10 倍粥泥」

### 如何製作 10 倍粥泥、7 倍粥泥、5 倍粥泥？

寶寶的第一口食物，一定是以白米煮成粥，再打它打成泥，成為白飯粥泥。作法有很多種，最簡單的方式，就是把米和水以 1：10 的份量放入電鍋中蒸煮，煮好之後再攪打就是 10 倍粥泥。

剛開始餵食副食品時，寶寶的食量會很小，所以如果用家中常見的量米杯當量器，很容易煮得太多，所以我習慣用西藥藥水的瓶蓋當做容器：用藥水上面的蓋子裝一份米，洗乾淨之後，再用同一個蓋子，倒入 10 倍的食用水，放到電鍋裡。如果加 7 倍水就是 7 倍粥、加 5 倍水就是 5 倍粥，製作時，外鍋加半杯食用水，等電鍋跳起來，此時，米和水往往還沒有混合，但電鍋插頭還不要拔起來，可以放著悶 30 分鐘～ 1 小時，讓米繼續吸收水份再打開，煮好之後米變成了稀飯，就叫做「10 倍粥泥」。

## 柔媽咪的小叮嚀 22

煮米的內鍋最好要加蓋子，再放入電鍋裡頭煮，或是用筷子放在鍋蓋處，讓鍋蓋傾斜，這樣水就不會滴到要蒸的食物當中。電鍋當中的水最好是使用煮過的食用開水入鍋，儘可能不要用生水，避免生水中的細菌滋生喔。

因為是餵食剛開始吃副食品的寶寶，所以全數的食材一定要打成碎泥比較好。當 10 倍粥做好之後，需要再用攪拌工具把它打成泥狀，使其變成很水狀的「10 倍粥泥」。每個小孩吃副食品的適應力不同、長牙的進度也不同，有些小孩很愛吃副食品，有些很排斥，所以也無須規定幾個月大一定要吃幾倍粥，完全看寶寶個人狀況而定。

不需要太拘泥是幾倍粥，只要記住大原則：米＋水變濃稠，再把它打成泥就好了。7 倍粥就是米加 7 倍水、5 倍粥就是米加 5 倍水，以此類推。5 倍、3 倍粥裡保留了米飯的顆粒感，建議給比較大一點的小孩吃。

# 寶寶什麼時候開始吃
# 副食品比較好？

　　剛開始餵食副食品時，要盡量安排在正餐喝奶時的中間。假設中午 12 點和下午 4 點是喝奶的時間，那麼吃副食品的時間就是下午 2 點。

　　在吃副食品的初期，小朋友還不習慣湯匙餵食，所以吃的量可能比較少，平均一次如果有 30ml 就很厲害了，漸漸的，副食品吃的越來越好，媽咪則可逐漸增加次數為一天吃 2 次或 3 次，平均一次的食量也可增加至 80ml。隨著副食品的量越吃越多，寶寶正餐喝奶的量會減少，此時大人可以彈性的幫寶寶減少奶量每次少 20~30ml，是沒有關係的。

## 副食品：點心→正餐的過渡食物

　　吃副食品的前兩個月，是寶寶在適應副食品的階段，所以可以將副食品放在兩餐喝奶的中間時段，當成點心吃，但隨著副食品的量越吃越多，慢慢的一餐可以吃到 150~200ml 的份量時，就可以當成正餐了。因為寶寶一歲以前還是要以奶為主，副食品為輔，所以一天當中每餐間隔 4 小時，3 餐喝奶、2 餐吃副食品即可。

　　開始吃副食品後，也要記得讓寶寶多喝水。很多媽媽常問我：「白開水沒有味道，寶寶們不愛喝水，怎麼辦？」我的小撇步是：隨著副食品越做越濃稠，在餵副食品的過程中，可以抽空兩到三次拿水杯給寶寶喝水喔。

**正餐時間表**

7:30　　12:30　　6:30

**副食品時間表**

10:30　　14:30

# 可以餵寶寶吃
# 米精、麥精嗎？

　　米精、麥精有其便利性，但說穿了，它當中有不少添加物，才會讓口感香甜無比，所以我不鼓勵讓孩子吃米精、麥精，尤其這兩樣成分不適合做為寶寶的第一口食物。試想一下，寶寶若吃了香香甜甜的米精、麥精，還會再願意吃味道清淡的天然食物嗎？

　　讓寶寶接觸副食品要從最原始的開始，而最單純的食物就是「米加水、再打成泥」，就是大家都知道的 10 倍粥泥。寶寶吃了最天然、沒有加工過的食物，腸胃道才不會有負擔。我不曾將米精、麥精加在副食品裡，這是我的堅持，也不會把米精、麥精加到嬰兒奶粉裡面，因為這樣做是非常不對的。副食品是不能跟奶混合在一起的，而且奶瓶是專門拿來喝奶，不是拿來喝米精、麥精的喔！

　　在飲食方面，尤其是孩子一歲以前，我的要求很高，是個不折不扣的「虎媽」。因為我覺得，孩子就像一張白紙一樣，給他吃什麼口味，他都能夠接受，所以就算廚藝再差的父母，只要挑選天然食材＋用心製作，孩子一定會買單的。

　　在副食品餵養的階段，請父母們多費心，為孩子料理天然的餐點，不要吃加工品，避免太早接受過度香甜的飲食，否則可能會影響一輩子。

## 柔媽咪的小叮嚀 24

從吃副食品的第一天開始，就要讓寶寶坐在固定的位置吃飯，才會養成寶寶看到餐椅，就知道要吃飯的好規矩。寶寶一開始可能會因為脖子還太軟坐不住，所以餐椅的選擇一定要選能夠支撐背部的椅子，或是可以用毛巾固定寶寶。

# 如何設計一份
# 適合寶寶的副食品食譜？

剛開始接觸副食品的寶寶，除了先從 10 倍粥開始進食外，我有兩個循序漸進
的建議：

1. 先從口感不討喜的葉菜開始吃＞再吃根莖類＞最後才吃肉類
2. 先從單一粥泥開始＞再進階到組合粥泥

## 10 倍粥泥→食物泥

當寶寶吃過了 10 倍粥泥之後，便可以開始加入其他的食材，來豐富副食品的
內容。所謂的「食物泥」，簡言之，就是把食物打成泥，讓牙齒尚未長齊的寶寶
們更易吞嚥及咀嚼。要特別提醒各位媽咪，在做食物泥的最剛開始階段，一定只
能用單一食材來處理，我建議的食用順序是：先吃葉菜類，再吃根莖類；葉菜類、
根莖類每週交替食用，並且擅用顏色搭配法。

第一週
用葉菜類的
青江菜

1

第二週
用根莖類的
紅蘿蔔

2

第三週
用葉菜類的菠菜
搭配粥泥

3

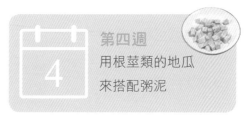

第四週
用根莖類的地瓜
來搭配粥泥

4

媽咪用單一食材的做法，應該至少維持 4 ～ 5 週，之後再慢慢增加為兩種複合食材的粥泥。我很強調初期一次只能有一種食材和粥泥搭配，這樣做的原因有 2 個：

1. 可以觀察有沒有過敏反應，如果寶寶吃了很安全，那麼這項食材就是寶寶飲食的好朋友了。
2. 不建議一口氣加太多食材，因為寶寶還在適應食材的味道，很容易導致味道的混淆。

　　當寶寶吃過越來越多單一食材的粥泥後，媽咪就可以開始混合其他食材了。但每一次一定只能有一項新食材，不能有兩個以上是沒吃過的項目，如此一來，如果過敏就可以快速找出是哪一項造成的。我烹煮的習慣是，將每一種食材分開煮，再獨立做成冰磚，要吃的時候，再來搭配今天要給寶寶吃的口味。當然，如果是煮好馬上要吃的，把全部食材放在一起煮就可以囉！

## 單一食材粥 vs 混合食材粥

　　有些家長怕寶寶營養不足，急著給小孩吃各式各樣的食材。我看過很多媽媽做的食物泥項目五花八門，一整碗粥裡混了好多複雜的食材。說真的，大人吃飯也不會同時把太多樣食物入口，不僅顏色不好看，許多口感也可能會彼此衝突，所以媽咪料理副食品時，建議一次最多以 5 種食材為限。

## 柔媽咪的小叮嚀 25

### 單一食材的料理方式

給寶寶每個禮拜都吃一
樣的食材,真的沒關係,
媽媽不用給自己太大的
壓力,不用急著給太多
食材,深怕寶寶如果沒
吃到會營養失衡似的。
在一歲以前,寶寶對副
食品的品嚐仍處在適應

階段,請記住:一歲以前奶還是主食!寶寶的人生很
長,要試真的試不完,真的不用急在第一年給太多。

### 寶寶滿 10 個月後,再吃肉

肉類當中有較油質,為
免增加腸胃道負擔,我
通常不會太快給寶寶食
用,建議在副食品吃了
6~8 週(約兩個月之後)
再加入肉類,甚至是滿
10 個月大後、接近一歲
時再嘗試都不遲。

# 寶寶看大人吃飯時也想吃，
# 可以順便直接餵嗎？

當寶寶副食品越吃越多、越吃越好時，慢慢會對食物有很多需求，看大人吃正餐的時候，也會一直叫，或把手伸出來，此時媽咪可以用少量無調味的飯粒，或是切塊、切片的 finger food 讓孩子放進嘴巴裡抿。

有些家長問我：「寶寶沒有牙齒，會不會噎到？」其實家長無需擔心，照理來說，10 個月大之後，吞嚥狀況應該都很不錯了，而且雖然臼齒還沒冒出來，但是用手指摸，可以感覺到牙床硬硬的，也已經有足夠力氣可以磨碎食物了。像我很喜歡吃粿條，從寶寶 11 個月大開始，每次在煮的過程中，我會先撈少許沒調味的粿條、加一點點湯汁泡到軟爛，再放到寶寶嘴巴，讓寶寶感受什麼是片狀食物。

無論是從 4 個月大、或是 6 個月大開始吃副食品的寶寶，經過半年多的嘗試後，腸胃道已經經過許多測試，滿一歲以後，便可以逐漸吃各式各樣天然新鮮的食物，不需要再一樣一樣測試是否會過敏。

## 小孩拒吃某種食物，怎麼辦？

孩子如果現在不吃某項食材，下次有機會再出現的時候，我會再跟他分享一次這項食材的好處，如果還是不接受，不要勉強，可能是孩子還沒有準備好，沒關係，以後有機會再試。有時候寶寶對某項食材的喜好，是因為有不同的食物搭配，也與用餐時的心情、氣氛有關，所以千萬不要以為小孩不吃某項食物，就是挑食。可以隔一段時間，再與不同的食材搭配試試看。

## 柔媽咪的小叮嚀 26

隨著月齡漸大，孩子有時候吃飯會不專心，對周遭的興趣遠大於食物，這時父母應該扮演引導的角色，讓寶寶找回吃飯的樂趣，千萬不要用凶巴巴的眼神逼孩子全部吃完，彷彿沒吃完就會營養失衡似的。我會一邊餵食一邊稱讚小孩，例如會說「寶寶好棒」！同時把食物送進嘴裡，引導孩子一口接一口，讓寶寶覺得吃飯是開心的事情。

# 如何拿捏寶寶副食品的
# 食材比例？

　　經常有媽媽問我，每一樣食材的比例要做多少？我的回答是：「不一定。」每一樣食材沒有一定的食用比例，吃起來好吃最重要，煮好之後媽媽最好也自己先吃看看，好吃再給寶寶吃。

　　我常覺得，做副食品很像在創造藝術品，這幅畫怎麼畫，每個媽媽的畫法都不一樣。有些媽媽擔心孩子吃得不夠營養，便會在粥裡摻雜很多食材，但卻讓食物的味道通通混雜在一起，顏色和口感都會變得有點詭異。

　　在做副食品時，建議食材不要超過 5 種，才吃得出食物的真滋味。粥的比例至少要佔 1/2，而味道較重的食材，放的比重就要少一點。例如同樣是葉菜類好了，菠菜的口味比較重，所以如果放太多的話，吃起來會太澀；但若是高麗菜，吃起來甜甜的，就很適合多放一些。

白米與糙米都適合當作副食品的基底喔！

## 製作副食品的邏輯

我常用「大人會不會喜歡吃這個食物」的邏輯來做副食品。一份做得好的副食品，大人吃起來應該也會覺得好吃才是。我們大人在吃飯時，每一餐一定有主角、有配角，同時也會留意營養是否均衡、每一道菜中是否有足夠的碳水化合物、蛋白質、纖維質、是否有可增加香氣的食材、可增加甜味的食材等。因此，在製作寶寶的副食品時，我也會用一樣的思考邏輯來製作，例如：

| 增加鮮味 | 增加甜味 |
|---|---|
| 善用海帶芽，可增加鮮味及香氣 | 可用洋蔥、甜椒、南瓜、地瓜等根莖類食材，這些食材也富含膳食纖維，更是優質碳水化合物的來源 |

好吃的寶寶粥泥，應該是可以全家一起吃的。寶寶副食品和大人餐點最大的不同之處在於：一歲以前的飲食，不需要調味！不需加鹽、不要加油、不要加糖，因為天然食材當中就有足夠的風味了。大人可以在寶寶的副食品當中打個蛋花、加個芹菜、灑點鹽巴，就變成好吃的鹹粥了。（老人家牙口不好，也非常適合食用粥泥）

### 柔媽咪的小叮嚀 27

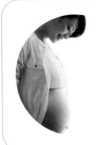

很多媽媽在做副食品的時候，會無所不用其極的加入非常多食材，彷彿寶寶這個階段沒有吃到就會輸人一等似的，真的無需給自己和寶寶這麼大的壓力，請用最放鬆的心情，開心的煮飯、吃飯吧！

## 柔媽咪的小叮嚀 28

坊間有不少參考書籍會建議家長，把有甜味的水果如香蕉、蘋果、梨子，加到粥泥當中餵食，但我完全不建議喔！如果大人不會把水果加到飯裡面吃，為何要讓孩子吃呢？而且水果加熱之後很容易變色，視覺上看起來也不好看呢！

我也不會把水果打成水果泥或果汁給孩子們吃，因為擔心養出挑食寶寶。畢竟水果類的食物，口味上都比較香甜，寶寶往往接受度高，也會很容易喜歡上吃水果，所以我怕一開始就讓小孩吃香香甜甜的水果後，小孩對葉菜類的食物就容易排斥，也可能會不愛沒有味道的白開水，所以我很堅持不把水果加入粥泥裡。

等到小孩 7、8 個月大、有較多顆牙齒之後，我偶爾會在吃完副食品後，直接讓寶寶吃水果。水果是很好的食物，可以讓寶寶練習咀嚼，水果當中的營養也可直接被吸收。不過這裡有個前提，就是吃水果不會影響正餐的進食喔！

# 寶寶一歲以前
# 可以吃蛋嗎？

　　蛋白是容易導致過敏的食物，所以專家通常建議在一歲以前只能吃蛋黃，但是我覺得要把蛋黃挑出來很麻煩，因此乾脆一律不做雞蛋的料理。海鮮、蝦等帶殼海鮮也容易引起小孩過敏，而且經過冷凍再解凍，很容易有一股比較重的味道，我也一律先不用。既然是有疑慮的過敏食物，等到一歲之後再一起食用就好了。

　　此外，一歲以前完全不可用調味料，油也不用放、鹽巴也不用放，以免增加寶寶腎臟負擔，也易養成愛吃重口味的孩子。把副食品做得好吃，其實以食物的原型去做就很好了，可用水煮，或是蒸、煮、燉的方式烹調，也不需要額外放油，因為如果烹調肉料理，肉當中就有天然的油脂，不用額外的油脂。

# 媽咪餵食副食品的 15 大原則

## 01

喝全配方奶的寶寶，從 4 個月就可以開始吃副食品；純母乳寶寶最遲滿 6 個月開始。

## 02

初期寶寶是在適應用湯匙進食的感覺，因此一開始不要急著餵食太多種食材，等寶寶適應 10 倍粥泥的口感，也習慣用湯匙進食後，再加入葉菜類食物泥。

## 03

家長請不要操之過急，若寶寶出現抗拒反應時，不要強迫餵食。可以暫停幾天再繼續。用餐氣氛要愉快，免得寶寶對進食產生不開心的印象。

## 04

隨著寶寶月齡增加，吃粥的進度為：10 倍粥泥 → 7 倍粥泥 → 5 倍粥泥 → 半顆粒粥 → 完整顆粒粥。

## 05

初期可先維持寶寶的奶量及次數，選白天兩次餵奶之間的空檔，開始用湯匙餵 10 倍粥泥。

**06**

每次餵食，粥應佔 1/2 碗，初期一次只能有一種食材與粥泥搭配餵食，可以讓寶寶吃出單一食材的味道，也避免過敏找不出是哪種食物造成的。

**07**

不把水果打成泥混入副食品當中餵食。

**08**

隨著寶寶逐漸適應食物泥的口感，再將分量增加、種類也可增加為 3 種、4 種，但不宜一碗超過 5 種食材，避免口味過於複雜，顏色也不好看。

**09**

各類食物循序漸進，一次吃一種食材。種類添加順序為：葉菜類→根莖類→肉類。

**10**

用餐氣氛要開心，不要有壓力。

11

採買當季盛產的食材，可以吃出食物最新鮮、天然的味道。

餵食寶寶之前，大人先吃一口，應該要覺得很新鮮、好吃後，再給小孩吃。

12

13

有過敏疑慮的食材，如蛋白、帶殼海鮮，一律等到一歲之後再食用。

14

讓寶寶坐在固定的椅子上吃飯。

15

一歲以前不增加調味料，不用油、不用鹽、不加糖、不用醬油。

# 柔媽咪開課囉！
## 副食品常見的 Q&A

關於寶寶的副食品，許多媽咪有一些不正確的觀念，柔媽咪在這邊把所有常見的誤解，一併整理出來，希望對媽咪們有幫助！

**1** Q：寶寶吃副食品時，要準備水給他喝嗎？

A：要，我 3 胎都是這樣。我在餐桌上準備寶寶可自行拿取的吸管水杯，在餵食的過程當中，推給寶寶喝 2、3 次水。

**2** Q：寶寶開始吃副食品，排便形狀改變怎麼辦？

A：每個寶寶狀況不一樣。通常喝母奶寶寶的大便偏稀，吃副食品之後，寶寶大便會比較臭，過了一段時間之後，就會恢復正常。

**3** Q：什麼時候可以開始吃優格？

A：如果不確定該項食物可以不可給小孩吃，建議一律放到一歲之後再給，是比較安全的作法。

4 Q：寶寶吃不完的副食品，可以放到下一餐吃嗎？

A：不可以，一定要丟掉。因為食物沾染過口水會生菌，反覆放回冰箱冰、再加熱，也會造成營養流失。奶也是一樣，當餐喝不完請勿再重覆給寶寶喝。

5 Q：要用有機食材做副食品嗎？

A：我不會刻意挑選有機食品。只要是當季、當地盛產的新鮮食材，就能夠提供寶寶最健康的天然營養成份。

6 Q：每一餐多久要餵完？

A：請媽媽不要給自己和寶寶太大壓力，尤其是剛吃副食品的初期，每天有嘗試就好，若餵得不順，千萬不要強迫。每一餐最好不要超過 30 分鐘，否則寶寶容易不耐煩。我通常會在 20 分鐘內餵完。餵食的時間也很重要，寶寶想睡覺時，會吃得特別不好。

這一餐沒吃完真的不會怎麼樣。寶寶還在適應從奶到吃飯的階段，所以媽咪不需有過多的要求，基本上吃飯時不要太嚴肅、且大人表現出吃飯是件開心的事，寶寶就會覺得吃飯很快樂、不排斥了。

Chapter 7

# 寶寶副食品食譜

其實幫寶寶製作副食品，一點都不難！就算是平常沒有下廚習慣
的媽咪，也可以輕鬆上手，跟著柔媽咪的食譜一起動手做，一定
可以做出讓寶寶吃了安心、媽媽做了開心的食物喔！

# 製作副食品
# 必備的道具

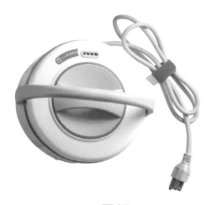

① 電鍋

家家戶戶都有的電鍋，是蒸煮米飯的
最好幫手。

② 鍋子

用來煮熟食材。

③ 攪拌棒

製作副食品時，我習慣用攪拌棒打碎食物，因為寶
寶一開始吃副食品時，食量很少，所以只需煮一點
點的份量，如果媽咪用調理機攪打的話，下面的食
材往往撈不出來。所以我建議用攪拌棒。

「美膳雅」（Cuisinart）這個牌子的攪拌棒，可以把
食材打得很細很細，即使份量很少，也可以攪打得
很均勻。同時它也是 CP 值很高的廚房常用器具，
隨著孩子長大，可以用攪拌棒改做各式各樣的料
理，像是南瓜湯、水果優格、水果、湯品……等，
是全家都可以吃的東西。

④ 量米杯、西藥藥水杯

這兩個杯子可以用來測量水份和米的比例。由於寶寶剛開始嘗試副食品時,食量都會偏小,所以我建議用西藥藥水的瓶蓋,當做測量容器。

⑤ 調理杯

食材蒸煮好後,可放入直接攪打。

⑥ 料理刀 & 砧板

料理刀:用來切碎各種食材。砧板:不同食材使用不同砧板。建議分為生鮮肉品、生鮮海鮮、生鮮蔬果、熟食。

⑦ 湯匙

寶寶一開始吃副食品,因為不知道怎麼吞嚥,一定會咬湯匙,所以湯匙不要選硬材質的,最好選用矽膠材質的軟湯匙,再慢慢進階換用合適的湯匙。有不少媽媽説,大人用來喝咖啡的小咖啡湯匙很好餵食。不管選哪一種材質,建議要選不鏽剛材質,且一歲以後再使用更好。

### ⑧ 密閉保鮮盒
拿來盛裝食物泥。

### ⑨ 剪刀
剪碎各項食材，以免食物太大塊，寶寶噎到。

### ⑩ 刨刀、刨具組
好用的刨刀可以將根莖類食材刨絲、刨片，也可以大幅縮短料理時間。

### ⑪ 濾網
將水煮好的食材撈起，請盡量使用不鏽鋼材質的濾網。

### ⑫ 副食品矽膠儲存杯
每個容量為 120ml，可將打好的副食品做成冷凍冰磚，要用時再取出加熱即可。

### ⑬ 食物冷凍分裝盒
裝滿容量是 240ML，切割成 8 份，每塊容量為 30ML。可以快速取出冰磚，不用退冰或敲敲打打。

# 副食品的基本公式：
# 基本粥底＋各種食物泥

　　其實製作副食品很簡單，就算平常沒有下廚習慣的媽咪，只要掌握好副食品的基本公式，也可以輕鬆上手，做出讓寶寶吃了安心又健康的副食品喔！

> 副食品的基本公式：基本粥底＋各種食物泥

## 基本粥底

依粥底的黏稠狀態，按照順序製作副食品：

| 10倍粥泥 | ▶ | 7倍粥泥 | ▶ | 5倍粥 |
|---|---|---|---|---|

▼

| 完整顆粒粥 | ◀ | 糙米粥 | ◀ | 半顆粒粥 |
|---|---|---|---|---|

---

### 複習：基本粥底製作方式

用水和米煮成粥後，用攪拌棒或調理機打成泥狀。

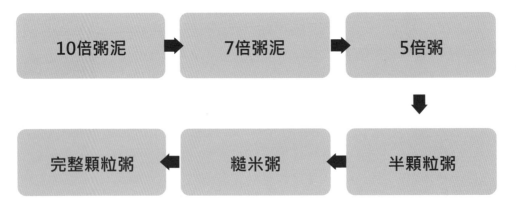

・10 倍粥泥：1 杯米 + 10 杯水

・7 倍粥泥　：1 杯米 + 7 杯水

・5 倍粥泥　：1 杯米 + 5 杯水

（裝米、水的容器要一樣，才能做倍數對等的調整！）

## 半顆粒粥

當寶寶牙齒越長越多、5倍粥泥吃得很順了之後（通常是8個月大左右之後），就可以嘗試吃半顆粒粥囉！不用像以前一樣，只能吃打得很碎的全流質食物。

## 半顆粒粥 VS. 粥泥

| 半顆粒粥 | 粥泥 |
| --- | --- |
| 攪拌時不用把食材打得太細碎，只需要稍微把粥的顆粒打散即可，保留部份咀嚼的口感。 | 攪拌時，需將所有的食材攪拌得很細碎，不保留食物的口感。 |

## 糙米粥

十個月大之後的寶寶，媽咪可以在製作副食品時加入糙米，寶寶也可以開始吃糙米顆粒粥了。

作法：
1. 糙米煮熟後，加入溫水蓋過糙米
2. 將食材以攪拌棒打成泥，拌在白粥（半顆粒粥/顆粒粥）上面，攪勻即可。
（糙米泥可增加營養，經過攪拌棒攪打後，較易消化）

## 完整顆粒粥

完整顆粒粥是煮成較稠的粥，不需要再攪打。米和水的比例大約 1:3 左右

作法：

1. 生米洗乾淨後，先浸泡半小時。
2. 直接以米 1：水 3 的比例放進電鍋煮成白粥。
3. 煮好後先不要拿起來，再悶個 40 分鐘，讓米粒更軟爛！
4. 40 分鐘後，就是有完整顆粒口感的粥了！（可加入糙米泥食用）大人先試試粥的口感夠不夠軟後，即可食用。

### 柔媽咪的小叮嚀 29

有的家長會擔心：「寶寶還沒有長臼齒，怎麼磨食物？」其實，家長應該以孩子吞嚥的狀況來判斷，而不是以牙齒顆數來判斷寶寶能否進階到顆粒狀食物。因為，即使是顆粒食物，但其實用牙齦一抿就會化開了，顆粒只是讓寶寶感受到食物不同的形狀，跟牙齒幾顆無關喔！

# 食物泥的
# 製作方法

食物泥製作起來也很簡單，只要少許的材料＋粥底，就可以做出好吃又營養的食物泥。以下我將材料分成 ABC 等級，建議媽咪們依照寶寶的年紀，依序加入不同的食材。

| A. 葉菜類 | |
| --- | --- |
| 高麗菜 | 青江菜 |
| 綠花椰菜 | 地瓜葉 |
| 小松菜 | 菠菜 |
| 空心菜 | 大陸妹 |
| 芥蘭菜 | 莧菜 |
| 白菜 | 韭菜 |
| 茼蒿 | |

| B. 根莖類 | |
| --- | --- |
| 紅蘿蔔 | 白蘿蔔 |
| 地瓜 | 南瓜 |
| 馬鈴薯 | 洋蔥 |
| 玉米 | 牛蒡 |
| 芋頭 | 山藥 |
| 蓮藕 | 筍子 |

| C. 肉類 | |
|---|---|
| 雞肉 | 牛肉 |
| 豬肉 | 魚肉 |

副食品食用的先後順序：

A+ 粥 ➡ B ＋粥 ➡ A ＋ B ＋粥 ➡ A ＋ C ＋粥

A ＋ B ＋ C ＋粥 ⬅ B ＋ C ＋粥

## 柔媽咪的小叮嚀 30

- 一碗粥不超過 5 種食材，以免口味太過複雜。

- 水果不建議加入食物泥當中食用。

- 帶殼海鮮有易過敏疑慮，建議一歲之後再食用。

- 剛開始吃副食品的寶寶，食物泥要儘量打到看不見食物原型。隨著月齡增加及視寶寶咀嚼的狀況，食物泥可慢慢稍微打碎即可，開始可保留原始食材的咀嚼口感。

# 青江菜 10 倍粥米糊

寶寶吃的第一份副食品,非常重要,所以建議媽咪在料理的時候,一定要循序漸進,按照「葉菜類→根莖類」的準則烹調。我的三個寶寶的第一口葉菜類食物都不一樣,這裡用的是青江菜做示範,媽媽們不妨走一趟菜市場或超市,選擇自己喜歡的食材製作,只要是當季盛產的葉菜類,就是適合的食材喔!

**適合月齡**
4~6 個月

**最佳時機**
剛吃副食品的
第一個禮拜

## 材　料

· 白米半碗
· 青江菜少許

## 步　驟

❶ 水煮沸後放入青江菜,煮 30 秒鐘～ 1 分鐘即可撈起。之後冷卻 10 分鐘左右(或放進冷水中冰鎮後撈起),瀝乾。煮好的青江菜與煮好的 10 倍粥混合。

❷ 以攪拌棒打成泥。

❸ 繼續攪拌,打至看不到顆粒狀為止。之後盛入碗中,即可食用。

## ✎ Tip

1. 一開始做副食品,煮的份量較少,加上葉菜類本來就是很容易煮熟的食材,所以不建議煮過頭,不然顏色會太老不好看,也會過於軟爛不好吃。

2. 葉菜類的菜味比較重,因此菜和粥的比例約 1:3 或是 1:4 較佳。

# 紅蘿蔔 10 倍粥米糊

當寶寶試過味道較不討喜的葉菜類食材後，第二個禮拜開始，可以更換食材，嘗試「根莖類」的菜。這道料理中，我用了最常見的食材「紅蘿蔔」來做，胡蘿蔔裡面有豐富的胡蘿蔔素，可以保護呼吸道，也可以促進寶寶的生長。除此之外，還有很多的維生素及鈣、磷、鐵等礦物質，是一個非常健康、又非常好入手的食材。

**適合月齡**
4~6 個月

**最佳時機**
吃過葉菜類
食材後

## 材　料

· 白米半碗
· 紅蘿蔔少許

## 步　驟

❶ 紅蘿蔔削皮、切小塊，放進電鍋蒸（外鍋放一杯水）。蒸熟的紅蘿蔔切成小塊，與煮好的 10 倍粥混合。紅蘿蔔與 10 倍粥比例約 1:2，後以攪拌棒打成泥。

❷ 繼續攪拌，打至看不到顆粒狀為止。

### ✏ Tip

紅蘿蔔本身帶有微甜的口感，寶寶通常會很喜歡，但吃多了容易皮膚偏黃，建議適時和其他蔬菜穿插食用。

# 紅蘿蔔綠花椰 7 倍粥米糊

當寶寶適應了單一的葉菜類米糊、單一的根莖類米糊之後，可以開始嘗試兩種食材搭配在一起的組合。花椰菜富含維生素 B 群、維他命 C，非常營養又可口，很適合拿來當作副食品的材料。媽咪們要特別留意的是，一次只能有一種沒吃過的新食材，因為如果寶寶發生過敏現象，這樣才可以知道是哪一樣食材造成的喔！

| 適合月齡 | 最佳時機 |
|---|---|
| 5~7 個月 | 已嘗試過單一食材米糊後 |

## 材　料

· 白米半碗
· 紅蘿蔔少許
· 綠花椰菜少許

## 步　驟

❶ 花椰菜洗淨後，放入沸水中汆燙 2~3 分鐘。

❷ 紅蘿蔔洗淨、削皮後，刨絲或切成小塊，放入沸水中煮熟。

❸ 待水再度滾沸後，將花椰葉、紅蘿蔔撈起（儘可能瀝乾）。

❹ 撈出花椰葉、紅蘿蔔，並與煮好的 7 倍粥混合。

❺ 以攪拌棒打成泥，打至看不到顆粒狀為止，後盛入碗中，即可食用。

# 綠花椰菜南瓜 7 倍粥米糊

寶寶吃過單一食材米糊，媽咪可以開始加入不同的食材，做料理的變化，也可以順便教孩子認識不同的食物，寓教於樂。這道料理選用了南瓜，南瓜是我很愛用的百變食材，因為它有豐富的維生素 A、胡蘿蔔素，也含有不少膳食纖維，非常營養可口，也是很好的天然勾芡食材喔。

**適合月齡**
5~7 個月大
以上

**最佳時機**
已嘗試過單一
食材米糊後

## 材　料

· 白米半碗
· 南瓜 2 小塊
· 花椰菜 3 朵

## 步　驟

❶ 花椰菜、南瓜洗淨切妥後，放入沸水中。

❷ 汆燙 2~3 分鐘後，將花椰葉、南瓜撈起（儘可能瀝乾）。

❸ 將花椰葉、南瓜與煮好的 7 倍粥混合。

❹ 以攪拌棒打成泥，打至看不到顆粒狀為止。盛入碗中，即可食用。

# 南瓜雞蓉 7 倍粥米糊

這道料理選用了雞肉，雞肉除了取得方便外，也有很豐富的蛋白質、維生素和鐵質，非常營養。比較要注意的是，肉類食材本身含有油脂，也比較難消化，所以我建議寶寶吃過葉菜類、根莖類 6~8 週（約兩個月之後），且月齡較大後，再開始食用肉類。仍有喝奶習慣的寶寶，甚至可以 10 個月大以後再開始吃肉，因為母奶或配方奶當中已經有蛋白質的成份了。

適合月齡
**7~8** 個月大
以上

最佳時機
已嘗試過
葉菜類、根莖類
食材後

材　　料

· 米飯半碗
· 南瓜 2 片
· 雞肉少許

步　　驟

❶ 南瓜洗淨後，削皮切小塊，放入沸水中。

❷ 雞肉切丁後，放入沸水中。

❸ 將南瓜、雞肉丁煮熟後撈起（儘可能瀝乾）。

❹ 南瓜、雞肉丁與煮好的 7 倍粥混合。

❺ 以攪拌棒將食材打成泥，繼續攪拌直至看不到顆粒狀為止。完成後即可盛入碗中食用。

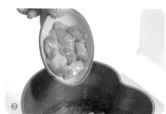

✏ Tip

粥的比例至少要佔 1/2，以免食材口味太重。

# 香菇南瓜雞蓉7倍粥米糊

香菇是一種低熱量、高蛋白、高纖維食物，裡面還有很多酵素，可以幫助寶寶消化。在這道料理中，我選了香菇、南瓜、雞肉做調配，建議媽咪在做副食品時，種類不要放太多，這樣才吃得出食物的原始滋味。這份米糊裡有菇類、根莖類、肉類，各類營養都可以攝取到，是道非常健康又可口的料理。

**適合月齡**
8~10個月大
以上

**最佳時機**
已嘗試過
葉菜類、根莖類、
肉類後

## 材　料

- 米飯半碗
- 香菇少許
- 南瓜2片
- 雞肉少許

## 步　驟

❶ 南瓜洗淨後，削皮切小塊，放入沸水中。

❷ 雞肉切丁後，放入沸水中。

❸ 香菇切塊後，放入沸水中。

❹ 將南瓜、雞肉丁、香菇煮熟後撈起（儘可能瀝乾），並與煮好的7倍粥混合。

❺ 以攪拌棒打成泥，打至看不到顆粒狀為止，完成後盛入碗中即可食用。

## ✏ Tip

比較硬、較難熟透的食材先下鍋煮。

# 綠花椰洋蔥雞肉 5 倍粥

花椰菜富含維生素 B 群、維他命 C；洋蔥也有豐富的營養，可以幫助寶寶建立起良好的免疫系統，非常適合給寶寶吃。這道料理建議在寶寶 7、8 個月大（或更大）、牙齒逐漸長出來後再食用。這裡的洋蔥不會切到極細，刻意保留了一點口感，另外搭配較為濃稠的白粥。媽咪若擔心米飯顆粒太大，則可利用攪拌棒稍微攪打，再餵寶寶吃。

適合月齡 **7~8** 個月大 以上

最佳時機 開始長牙後

## 材　料

· 米飯半碗
· 洋蔥少許
· 綠花椰菜 3 朵
· 雞肉少許

## 步　驟

❶ 洋蔥切丁後，放入沸水中。

❷ 雞肉切丁後，放入沸水中。

❸ 綠花椰菜洗淨後，切碎，放入沸水中。

❹ 將洋蔥、雞肉丁、綠花椰菜煮熟後撈起（儘可能瀝乾）。

❺ 將南瓜、雞肉丁、香菇放入攪拌瓶中，並以攪拌棒稍微攪打，保留部份顆粒狀。食材與煮好的 5 倍粥混合，即可食用。

## ✎ Tip

如果媽咪擔心洋蔥味道太濃，怕寶寶無法接受，可以先將洋蔥去辛味，再料理。另外，如果寶寶吞嚥不易，可用攪拌棒把粥和食材攪打得更細碎，再給寶寶食用。

# 高麗菜紅蘿蔔雞肉 5 倍粥

你有沒有發現，白粥是每一餐不變的基底？我常會在白粥上搭配其它 2~3 種的食物泥，拌在一起給寶寶吃。食物的種類儘可能為不同類型，可以用「葉菜類 + 根莖類 + 肉類」的大原則自由搭配、變換口味，成為一餐營養滿分的副食品！這道料理中，用的是紅蘿蔔、高麗菜、雞肉，都是冰箱常有的食材，如果你的冰箱沒有這些食材，趕緊到最近的市場或超市採購吧！

適合月齡
7~8 個月大
以上

最佳時機
開始長牙後

## 材　料

· 白飯半碗　　· 紅蘿蔔少許
· 高麗菜少許　· 雞肉少許

## 步　驟

❶ 高麗菜切碎後，放入沸水中。

❷ 紅蘿蔔洗淨、削皮後，刨絲或切成小塊，放入沸水中。

❸ 雞肉切丁後，放入沸水中。

❹ 將高麗菜、紅蘿蔔、雞肉丁煮熟後撈起（儘可能瀝乾）。

❺ 高麗菜、紅蘿蔔、雞肉以攪拌棒稍微攪打，保留部份顆粒狀。

❻ 與煮好的 5 倍粥混合，即可食用。

# 莧菜牛肉糙米顆粒粥

寶寶大一點、咀嚼能力越來越好的時候,可能會不想吃太泥狀的米糊。所以除了白米之外,媽咪也可以開始讓寶寶吃保留更多營養的非精製米,例如糙米、十穀米。若擔心糙米不好咀嚼、不易消化,可以把糙米打成泥,再加入白米顆粒粥當中,這樣既可以保留米飯的顆粒感,又有糙米的營養成份。(十穀米或其他五穀雜糧的作法與糙米相同)

**適合月齡**
8 個月大以上

**最佳時機**
開始長牙後

## 材　料

· 莧菜少許　　　· 糙米粥半碗
· 牛肉少許

## 步　驟

❶ 牛肉、莧菜切碎後,放入沸水中煮,完成後瀝乾。

❷ 將瀝乾後的莧菜、牛肉以攪拌棒稍微攪打,保留部份顆粒狀。

❸ 與煮好的糙米粥混合,即可食用。

## ✏ Tip

1. 月齡越大、牙齒長得較多的孩子,食材切碎一點即可食用,不需再把食材攪打得太爛。

2. 糙米泥 + 白飯顆粒粥 = 糙米顆粒粥,是很營養的基底粥,和各種食材都百搭哦!

# 紅蘿蔔豆腐豬肉5倍粥

豆腐有多種營養成分，更有蛋白質、鈣質、鐵質，大人吃了可以降低膽固醇，小孩吃了還有助於神經、血管和大腦的生長，非常營養，是個媽咪在家都要常備的食材。製作副食品的時候，底粥的濃稠度應該要隨著寶寶月齡漸大，慢慢越來越稠，白飯也要從泥狀變成顆粒狀，食材跟著「進化」，不用再打成看不到食材原型的泥，也可以開始不用打得太細碎囉！

適合月齡
7~8 個月大以上

最佳時機
開始長牙後

## 材　料

· 米飯半碗　　　· 豆腐半份

· 紅蘿蔔少許　　· 豬肉少許

## 步　驟

❶ 沸水滾沸後，依序加入切碎的紅蘿蔔、豬肉、豆腐汆燙。

❷ 將紅蘿蔔、豬肉、豆腐煮熟後撈起（儘可能瀝乾），並以攪拌棒稍微攪打，保留部份顆粒狀。

❸ 與預先煮好的5倍粥混合，即可食用。

## 🖉 Tip

每個小孩的體質和生長進度不一樣，家庭習慣也不同，所以寶寶吃粥的狀態沒有一定的標準，請依照自己寶寶的狀態，調整粥和食材的濃度及口感。養小孩不要跟別人比較喔！

# 海帶芽洋蔥豬肉糙米顆粒粥

洋蔥、海帶芽是我經常用來增加天然甜味的食材，除了很好吃外，也可讓寶寶攝取到不同種類的營養。海帶芽有豐富的鈣質和鐵質，如果缺乏鐵質，會影響紅血球製造，使氧氣供應不足，所以媽咪們一定要多多留意喔！

適合月齡
8 個月大以上

最佳時機
開始長牙後

## 材　料

· 海帶芽少許　　· 米半碗
· 洋蔥少許　　　· 糙米少許
· 豬肉 1 小碗

## 步　驟

❶ 洋蔥切碎後，放入沸水中。

❷ 海帶芽放入沸水中。

❸ 豬肉切丁後，放入沸水中。

❹ 將海帶芽、洋蔥、豬肉煮熟後撈起（儘可能瀝乾）。

❺ 海帶芽、洋蔥、豬肉以攪拌棒稍微攪打，保留部份顆粒狀。

❻ 與煮好的糙米粥混合，即可食用。

## Tip

如果要做糙米粥，白飯顆粒粥的水份不用太多，白米和水的比例為 1:3 即可，以免糙米泥拌入後變得太稀。

# 白蘿蔔排骨糙米顆粒粥

這道「白蘿蔔排骨糙米顆粒粥」是全家都能吃的方便料理，也是我家餐桌上經常可見的料理喔！可以先把小孩要吃的部份取出，大人要吃的再加入鹽巴調味，就是一家大小都可以吃的一餐。白蘿蔔含有非常多營養，包括維他命 A、B、C、D 及 E；排骨則是有大量的蛋白質、脂肪、維生素，還含有大量磷酸鈣，可以替寶寶補充鈣質。

適合月齡　8 個月大以上

最佳時機　開始長牙後

## 材　料

· 白蘿蔔少許　· 米半碗
· 排骨 1-2 塊　· 糙米少許

## 步　驟

❶ 排骨放入沸水中汆燙 20 秒左右去血水，取出裝盤。之後準備燉鍋，把去皮、切塊的白蘿蔔及排骨放入鍋中，水蓋過食材後燉煮至食材軟透，取出蘿蔔、排骨。以手將排骨骨頭剝離。

❷ 將蘿蔔、肉及少許湯汁取出。

❸ 所有的食材以攪拌棒稍微攪打，保留部份顆粒狀。

❹ 與煮好的糙米粥混合，即可食用。

## ✎ Tip

如果先煮湯、再煮粥的話，煮粥的水份可以直接用排骨湯來替代，味道更香醇。

# 玉米筍豆腐排骨粥

玉米筍含豐富蛋白質和維生素，吃起來很有口感，料理起來也很方便。這道食譜是把做好的蘿蔔排骨粥再加以變化，加入不同的食材，就可以變化出更豐富的一餐了。媽咪還請注意，玉米筍切完後要趕緊下鍋，否則維他命會在空氣中氧化，大量流失喔！

適合月齡
8 個月大以上

最佳時機
開始長牙後

## 材　　料

· 白蘿蔔排骨湯 1 碗
· 豆腐 1 塊
· 玉米筍少許

## 步　　驟

❶ 玉米筍切丁後，放入沸水中。

❷ 豆腐切丁後，放入沸水中。

❸ 將玉米筍、豆腐煮熟後撈起（儘可能瀝乾）。

❹ 將事先煮好的蘿蔔排骨湯，分別取出部份蘿蔔、肉及少許湯汁。之後，再將食材以攪拌棒稍微攪打，保留部份顆粒狀。

❺ 與煮好的糙米粥混合，即可食用。

## Tip

一歲以下寶寶的食物，完全不需要調味，也不需要用油去炒喔！

# 香菇地瓜豬肉糙米粥

地瓜含有豐富的膳食纖維、維他命A和C，是極佳的「鹼性」食物，爸爸媽媽如果平常大魚大肉，體質比較偏酸的話，多吃地瓜可以調和身體，幫助消化。這道料理，除了很適合寶寶吃外，也很適合大人喔！除了食材容易取得外，做法簡單，成品顏色也很賞心悅目，讓人一看就想吃了！

適合月齡
8 個月大以上

最佳時機
開始長牙後

## 材　料

· 香菇 2~3 朵　　· 糙米粥半碗
· 地瓜少許
· 豬肉 1 小碗

## 步　驟

① 地瓜切丁後，放入沸水中汆燙。

② 豬肉切丁後，放入沸水中汆燙。

③ 香菇切丁後，放入沸水中汆燙。

④ 將地瓜、豬肉、香菇煮熟後撈起（儘可能瀝乾）。

⑤ 將食材以攪拌棒稍微攪打，保留部份顆粒狀。

⑥ 與煮好的糙米粥混合，即可食用。

✏ Tip

香菇比較不容易消化，所以建議用量不用太多喔。

# 小白菜黑木耳豬肉粥

黑木耳有豐富的胺基酸、維生素 B2、鐵質、鈣質、膠質，對人體消化系統很好，還可以補氣、潤肺、補腦。如果寶寶生病咳嗽、便祕，都可以多吃喔！另外，這道料理中的小白菜，有豐富的維生素 C、磷、鐵、鈣質及維生素 B，可以調節寶寶的腸胃機能，非常健康！這道菜除了有很多營養價值外，做起來也很簡單。

| 適合月齡 | 最佳時機 |
|---|---|
| 8 個月大以上 | 開始長牙後 |

## 材　料

· 小白菜少許　　· 豬肉 1 小碗
· 黑木耳少許　　· 糙米粥半碗

## 步　驟

① 豬肉切碎後，放入沸水中。

② 黑木耳切絲後，放入沸水中。

③ 小白菜切碎後，放入沸水中。

④ 將豬肉、黑木耳、小白菜煮熟後撈起（儘可能瀝乾）。

⑤ 將食材以攪拌棒稍微攪打，保留部份顆粒狀。

⑥ 與煮好的糙米粥混合，即可食用。

### 🖊 Tip

保留口感的黑木耳，咬起來碎碎的，寶寶通常會很喜歡。

# 蛋黃蔬菜牛肉粥

寶寶 10 個月大之後，可以吃的食物愈來愈多了。這道料理中，我用了營養價值極高的蛋黃，蛋黃內有所有的脂溶性維生素（A、D、E 與 K），還是少數天然含有維生素 D 的食物喔！在料理這道菜時，有個大原則：如果肉類帶骨頭，才需要川燙；如果買到的是新鮮的肉品，則可以直接下鍋。

適合月齡　10 個月大以上

最佳時機　開始長牙後

## 材　料

- 牛肉 1-2 小塊
- 當季蔬菜（這裡以紅蘿蔔及菠菜示範）少許
- 蛋黃少許
- 糙米粥半碗

## 步　驟

❶ 牛肉、蔬菜切碎後，放入沸水中煮熟後撈起（儘可能瀝乾），用攪拌棒打碎。

❷ 雞蛋放入沸水中。

❸ 雞蛋煮熟後，立刻放入冰水中冰鎮。

❹ 去除蛋殼，取出蛋黃。

❺ 將蛋黃用湯匙壓碎後，混入各項食材，並加入預先煮好的糙米粥，即可食用。

### ✎ Tip

1. 雞蛋煮熟後要馬上放入冷水中，透過熱脹冷縮的原理，就能夠輕而易舉將蛋殼剝下來。如此一來，就不會有蛋殼黏在蛋上，剝不乾淨的困擾了。

2. 蛋白容易引發過敏，所以建議寶寶接近一歲，或滿一歲之後再嘗試。

# 鮭魚青江菜粥

鮭魚有很豐富的 Omega-3 不飽和脂肪酸和蛋白質，而且本身的油脂豐富，所以建議用煎的方式料理，不需要再額外加油，就可以逼出魚本身的油脂，吃起來也比較香。鮭魚用蒸的容易有一股特殊的腥味，較不建議媽咪們這樣料理。

| 適合月齡 | 最佳時機 |
|---|---|
| 10 個月 | 開始長牙後 |

## 材　料

· 鮭魚少許　　　　· 糙米粥半碗
· 青江菜少許

## 步　驟

❶ 鮭魚放入冷鍋中，再開火。

❷ 待單面煎到不沾黏後，再翻面煎 2~3 分鐘即可。用手將魚刺剝離，取下鮭魚肉備用。將鮭魚與煮好的青江菜、糙米粥混合，即可食用。

### ✎ Tip

煎魚時如果容易沾鍋，我的小撇步是：冷鍋就放魚（不需加油），再開火，讓魚隨著鍋子升溫而加熱，就不容易黏鍋或焦掉了。

# 鱈魚黑木耳紅蘿蔔粥

給小孩吃的魚類，建議選用魚刺較大的魚，如鱈魚、鮭魚、吻仔魚、鯛魚等，這樣魚刺比較可以輕易剝離，才不會誤傷食道。鱈魚比鮭魚更好剝，用手就可以摸到刺，可剝得比較乾淨。

適合月齡
10 個月

最佳時機
開始長牙後

## 材　料

· 鱈魚 1 小片　　· 糙米粥半碗
· 黑木耳少許
· 紅蘿蔔少許

## 步　驟

❶ 黑木耳、紅蘿蔔切碎備用。

❷ 依序在沸水中放入紅蘿蔔、黑木耳，煮熟後撈起（儘可能瀝乾）。

❸ 鱈魚以蒸鍋蒸熟後，用手將魚刺剝離，取下鱈魚肉。然後，將食材與煮好的糙米粥混合，即可食用。

## ✎ Tip

在蒸鱈魚時，可以使用薑去除腥味，但在攪打食材時要挑起來，避免薑的味感太辛辣，寶寶無法接受。

# 魩仔魚蛋黃番茄粥

魩仔魚營養多，內有豐富的鈣、維生素 A、維生素 C、鈉、磷、鉀，適合嬰幼兒食用。選購時，媽咪要注意魚身的色澤，要自然明亮、顏色不要太白才是新鮮的魚。太白的魩仔魚可能摻有螢光劑或漂白劑。有疑慮的話，烹調前可以多沖幾次，或用熱水簡單汆燙過。

適合月齡
10 個月大以上

最佳時機
開始長牙後

## 材　料

· 魩仔魚 1 小碗
· 番茄 1 顆

· 蛋黃 1 顆
· 糙米粥半碗

## 步　驟

❶ 魩仔魚放入沸水中煮約 2~3 分鐘後撈起，儘可能瀝乾。雞蛋煮熟後取出蛋黃壓碎。

❷ 用刀在番茄底部切十字，再放入沸水中煮 2~3 分鐘後撈起。

❸ 番茄稍微放涼後，將皮剝除。

❹ 將番茄切碎後，再與煮好的蛋黃、糙米粥混合，即可食用。

❶

❷

❸

❹

### ✎ Tip

雞蛋放入沸水中煮熟後，要立刻放入冰水中冰鎮，這樣就能輕易將蛋殼剝出。這道菜只需用蛋黃部份，因為蛋白容易引發過敏，建議寶寶滿一歲之後再嘗試。

# 鬆餅

寶寶滿一歲之後，媽媽們可以帶著孩子，一起動手做天然、
簡易的小點心，這也是很好的親子互動時間喔！這道鬆餅的
作法非常簡單，也可做為一歲以上孩子的早餐。

適合月齡
1 歲以上

## 材　料

· 低筋麵粉 100 公克
· 無鋁泡打粉 1 小茶匙
· 糖適量
· 牛奶 50 公克
· 雞蛋 1 顆
　（也可以選擇市售鬆餅粉，但儘量選擇成份越簡單的越好）

## 步　驟

❶ 打一顆全蛋到麵粉中後，倒入牛奶。粉和牛奶的比例是 2:1。

❷ 用打蛋器或筷子攪打至麵糊沒有結塊。這個步驟可帶著孩子動手做喔！

❸ 平底鍋熱鍋，不需倒入油，倒入麵糊，稍微用鏟子將麵糊整為圓形。

❹ 不要急著翻動麵糊，等到麵糊表面冒出大泡泡後，再翻面即可。最後可依個人口味淋上蜂蜜，
　或添加水果食用。

### 🖉 Tip

鬆餅要煎得好看的秘訣是：千萬別急著翻面。要耐
心的等到冒出大泡泡，才可以翻面，這樣就保證「一
次到位」，煎得既漂亮又不沾鍋。

# 米布丁

這道點心非常簡單！材料也非常容易取得，因為米布丁可以
利用家裡剩餘的白飯來製作，再做成布丁的口感即可，是一
道大小朋友都會很喜歡的點心。

適合月齡

1 歲以上

## 材　料

- 白飯半碗
- 牛奶 1 小杯
- 砂糖酌量
- 黑糖或蜂蜜（適量）

## 步　驟

① 在平底鍋中倒入一杯牛奶，開小火。

② 加入少許的飯，用鏟子拌勻，直到牛奶煮開。

③ 煮的過程當中要不時翻動攪拌，避免牛奶燒焦。

④ 煮到米粒吸收了牛奶膨脹後，牛奶出現冒泡，加入少許糖即可關火。

⑤ 也可倒入蜂蜜調味，增加香氣。

⑥ 用攪拌棒或調理機 / 果汁機再稍微攪打，讓澱粉質再釋放。米飯不用打得太細，保留顆粒感
為佳。米布丁放涼之後會更加的黏稠，上頭可依序灑上想吃的燕麥、蔓越莓脆片等果乾。

### 🖊 Tip

這道點心的牛奶用量不需太多，作用只是幫助米飯
凝結而已。牛奶很容易燒焦，所以烹調時要用小
火，並邊做邊攪動，煮到米糊變濃了就 OK 了。

# 地瓜圓甜湯

台灣的地瓜真是好吃極了！地瓜的營養很豐富，最為人熟知的，就是擁有極高的纖維素，能夠增加人體便便的體積，是「嗯嗯」的超級好幫手！我非常喜歡帶著孩子們做沒有人工添加物的天然甜點，搓地瓜圓的感覺有點像在玩黏土一樣，每個小孩都愛極了。

## 材　料

· 地瓜半條
· 地瓜粉（或中筋麵粉）少許
· 黑糖（適量）
  * 地瓜粉的口感比較 Q，如家中無地瓜粉，用中筋麵粉也可以

## 步　驟

❶ 將地瓜削皮、切塊，進電鍋蒸熟，完成後（且放涼後），在砧板或檯面上鋪地瓜粉，放上蒸好、壓泥的地瓜。

❷ 分次灑上地瓜粉，直到地瓜泥可以結成不黏手的團狀。因為地瓜泥已有水份，因此不需再加水。

❸ 搓成長條狀。

❹ 切成 1 公分左右大小。

❺ 稍微用手塑型成圓狀，下沸水中煮熟，等地瓜圓浮起來後，即可關火加入黑糖。

### 🖊 Tip

這道甜湯的地瓜用量很省，半條地瓜就可以做很多了。冬天時還可以加入老薑一起煮，更養生喔！

# 蔬菜煎餅

這道料理是利用家裡現有的食材去做的，看冰箱有什麼食材，通通可以下鍋。如果加入海鮮，就成了海鮮煎餅！也很適合帶著孩子動手做，從打蛋、攪拌開始，朝小廚師之路邁進！

## 材　料

- 高麗菜酌量
- 紅蘿蔔酌量
- 全蛋 2 顆
- 中筋麵粉酌量
- 鹽巴少許

## 步　驟

① 將高麗菜、紅蘿蔔切碎，加入全蛋兩顆，灑一點點鹽巴，拌勻。

② 分次倒入中筋麵粉，攪拌均勻。麵粉的功用是讓食材可以凝結在一起，所以麵粉要分次慢慢加入，避免結塊。

③ 在橄欖油當中滴入少許香油，增加香氣。

④ 等鍋子熱了，將蔬菜糊倒入鍋中，並以鍋鏟稍加整型，可整成圓形或方形。

⑤ 稍微晃動鍋子，若煎餅可以挪動，便快速翻面。煎到有點「恰恰的」焦香色澤後，即可呈盤食用。

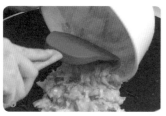

### 🖉 Tip

這道煎餅我用了一個秘密器：香油！在熱油時只要在橄欖油中倒入 1、2 滴，保證整個廚房立刻香氣四溢，讓人食欲大開。

# 鮭魚香鬆 QQ 飯糰

適合月齡
1 歲以上

每天吃白飯覺得有點單調的話，不妨把白飯壓揉成飯糰，帶著
孩子一起動手捏飯糰，親子同樂更好吃！

## 材　　料

· 白飯半碗
· 市售香鬆（請選擇無人工添加物且口味較清淡的品牌）少許
· 鮭魚少許

## 步　　驟

❶ 鮭魚放入冷鍋中，再開火。待單面煎到不沾黏後，再翻面煎 2~3 分鐘即可。徒手將魚刺剝離。
　 取下鮭魚肉備用。

❷ 準備一杯開水，左手沾濕。

❸ 倒入香鬆，用手拌均勻，或用湯匙攪拌。

❹ 準備飯糰模型，倒入攪拌後的白飯。（如家中沒有模型，用雙手捏成圓型或三角型即可）

❺ 飯糰中央放入剝碎的鮭魚肉，或其他任何想吃的菜。

❻ 將飯糰壓緊。取出後即可。

### ✏ Tip

這裡用的飯，可用熱飯或冷飯皆可，吃起來風味不
同喔！

# 柔媽咪的好孕教室

柯以柔的孕期養胎、產後調養、育兒飲食全書

| | | | | |
|---|---|---|---|---|
| 作　　　者 | 柯以柔 | 行銷企畫 | 辛政遠 |
| 醫學審訂 | 蘇俊源醫師 | 總　編　輯 | 姚蜀芸 |
| 文字整理 | 林貝絲 | 副　社　長 | 黃錫鉉 |
| 攝影協力 | Joe Chen Photography、章浩潤 | 總　經　理 | 吳濱伶 |
| 責任編輯 | 許瑜珊 | 發　行　人 | 何飛鵬 |
| 內頁設計 | 江麗姿 | | |
| 封面設計 | 逗點創制 | | |

發　　行　城邦文化事業股份有限公司
　　　　　歡迎光臨城邦讀書花園
　　　　　網址：www.cite.com.tw

香港發行所　城邦（香港）出版集團有限公司
　　　　　　香港灣仔駱克道 193 號東超商業中心 1 樓
　　　　　　電話：(852) 25086231
　　　　　　傳真：(852) 25789337
　　　　　　E-mail：hkcite@biznetvigator.com

馬新發行所　城邦（馬新）出版集團
　　　　　　Cite (M) Sdn Bhd 41, Jalan Radin Anum,
　　　　　　Bandar Baru Sri Petaling, 57000 Kuala
　　　　　　Lumpur, Malaysia.
　　　　　　電話：(603) 90578822
　　　　　　傳真：(603) 90576622

展售門市　台北市民生東路二段 141 號 1 樓
製版印刷　凱林彩印股份有限公司
初版一刷　2016( 民 105) 年 11 月
I S B N　978-986-93771-4-0
定　　價　380 元

客戶服務中心
地址：10483 台北市中山區民生東路二段 141 號 2F
服務電話：（02）2500-7718、（02）2500-7719
服務時間：週一至週五 9：30 ～ 18：00
24 小時傳真專線：（02）2500-1990 ～ 3
E-mail：service@readingclub.com.tw

國家圖書館出版品預行編目 (CIP) 資料

孕媽咪的好孕教室：柯以柔的孕期養胎、產後調養、
育兒飲食全書 / 柯以柔著. -- 初版. -- 臺北市：創意市集
出版：家庭傳媒城邦分公司發行, 民105.11
　　面；　公分
　ISBN 978-986-93771-4-0(平裝)

1.懷孕 2.產後照護 3.育兒

429.12　　　　　　　　　　　　　　　　105020281